## Die Sammlung "Aus Natur und Geisteswelt"

nunmehr über 800 Bändchen umfassend, bietet wirkliche "Einführungen" in die Hauptwissensgebiete für den Unterricht oder Selbstunterricht des Laien nach den heutigen methodischen Anforderungen, seit ihrem Entstehen (1898) den Gedanken dienend, auf denen die heute so mächtig entwickelte Volkshochschulbewegung beruht. Sie will jedem geistig Mündigen die Möglichkeit schaffen, sich ohne besondere Vorkenntnisse an sicherster Quelle, wie sie die Darstellung durch berufene Vertreter der Wissenschaft bietet, über jedes Gebiet der Wissenschaft, Kunst und Technik zu unterrichten. Sie will ihn dabei zugleich unmittelbar im Beruf fördern, den Gesichtskreis erweiternd, die Einsicht in die Bedingungen der Berufsarbeit vertiefend. Diesem Bedürfnis können Skizzen im Charakter von "Auszügen" aus großen Lehrbüchern nie entsprechen, denn solche setzen eine Vertrautheit mit dem Stoffe schon voraus.

Die Sammlung bietet aber auch dem Fachmann eine rasche zuverlässige Übersicht über die sich heute von Tag zu Tag weitenden Gebiete des geistigen Lebens in weitestem Umfang und vermag so vor allem auch dem immer stärker werdenden Bedürfnis des Forschers zu dienen, sich auf den Nachbargebieten auf dem laufenden zu erhalten.

In den Dienst dieser Aufgabe haben sich darum auch in dankenswerter Weise von Anfang an die besten Namen gestellt, gern die Gelegenheit benutzend, sich an weiteste Kreise zu wenden.

So konnte der Sammlung auch der Erfolg nicht fehlen. Mehr als die Hälfte der Bändchen liegen, bei jeder Auflage durchaus neu bearbeitet, bereits in 2. bis 8. Auflage vor, insgesamt hat die Sammlung bis jetzt eine Verbreitung von fast 5 Millionen Exemplaren gefunden.

Alles in allem sind die schmucken, gehaltvollen Bände besonders geeignet, die Freude am Buche zu wecken und daran zu gewöhnen, einen Betrag, den man für Erfüllung körperlicher Bedürfnisse nicht anzusehen pflegt, auch für die Befriedigung geistiger anzuwenden.

Wenn eine Verteuerung der Sammlung infolge der außerordentlichen Steigerung der Herstellungskosten – sind doch die Löhne auf das Achtzehnfache, die Materialien auf das Fünfundzwanzig- bis Fünfunddreißigfache (teilweise noch weit darüber) gestiegen – auch unvermeidbar gewesen ist, wie bei anderen "billigen" Büchern, z. B. den Reclamheften, so ist der Preis doch entfernt nicht in dem gleichen Verhältnis gestiegen, und auch jetzt ist ein Bändchen "Aus Natur und Geisteswelt" wohlfeil, im Gegensatz zu den meisten Gebrauchsgegenständen.

<u>Jedes der meist reich illustrierten Bändchen ist in sich abgeschlossen und einzeln käuflich</u>

Springer Fachmedien Wiesbaden GmbH im März 1922

---

Ein vollständiges, nach Wissensgebieten geordnetes Verzeichnis versendet auf Wunsch kostenlos und postfrei der Verlag, Leipzig, Poststr. 3/5

# Zur Mathematik und Astronomie
## sind bisher erschienen:

### Einführung in die Mathematik.
Einführung in die Mathematik. Von Studienrat W. Mendelssohn. Mit 42 Figuren im Text. (Bd. 503.)

*Mathematische Formelsammlung. Ein Wiederholungsbuch der Elementarmathematik. Von Prof. Dr. E. Jakobi. I. Arithmetik und Algebra. II. Geometrie. (Bd. 646/47.)

### Arithmetik, Algebra und Analysis.
Arithmetik und Algebra zum Selbstunterricht. Von Geh. Studienrat P. Crantz. 2 Bände. I. Teil: Die Rechnungsarten. Gleichungen ersten Grades mit einer und mehreren Unbekannten. Gleichungen zweiten Grades. 7. Aufl. Mit 9 Figuren im Text. (Bd. 120.) II. Teil: Gleichungen. Arithmetische und geometrische Reihen. Zinseszins- und Rentenrechnung. Komplexe Zahlen. Binomischer Lehrsatz. 5. Aufl. Mit 21 Textfiguren. (Bd. 205.)

Lehrbuch der Rechenvorteile. Schnellrechnen und Rechenkunst. Mit zahlreichen Übungsbeispielen. Von Ing. Dr. phil. J. Bojko. (Bd. 739.)

Einführung in die Infinitesimalrechnung. Von Prof. Dr. G. Kowalewski. 3., verbesserte Aufl. Mit 18 Figuren. (Bd. 197.)

Differentialrechnung unter Berücksichtigung der praktischen Anwendung in der Technik mit zahlreichen Beispielen und Aufgaben versehen. Von Studienrat Dr. M. Lindow. 3. Aufl. Mit 45 Figuren und 161 Aufgaben. (Bd. 387.)

Integralrechnung unter Berücksichtigung der praktischen Anwendung in der Technik mit zahlreichen Beispielen und Aufgaben versehen. Von Studienrat Dr. M. Lindow. 2. Aufl. Mit 43 Figuren im Text und 200 Aufgaben. (Bd. 673.)

Differentialgleichungen unter Berücksichtigung der praktischen Anwendung in der Technik mit zahlreichen Beispielen und Aufgaben versehen. Von Studienrat Dr. M. Lindow. Mit 36 Figuren im Text und 160 Aufgaben. (Bd. 569.)

*Einführung in die Vektorrechnung. Von Prof. Dr. F. Jung. (Bd. 668.)

Kaufmännisches Rechnen zum Selbstunterricht. Von Studienrat K. Dröll. (Bd. 724.)

### Geometrie.
Planimetrie zum Selbstunterricht. Von Geh. Studienrat Prof. P. Crantz. 3. Aufl. Mit 94 Figuren im Text. (Bd. 340.)

Ebene Trigonometrie zum Selbstunterricht. Von Geh. Studienrat Prof. P. Crantz. 2. Aufl. Mit 50 Figuren im Text. (Bd. 431.)

Sphärische Trigonometrie zum Selbstunterricht. Von Geh. Studienrat Prof. P. Crantz. Mit 27 Figuren im Text. (Bd. 605.)

Analytische Geometrie der Ebene zum Selbstunterricht. Von Geh. Studienrat Prof. P. Crantz. 2. Aufl. Mit 55 Figuren im Text. (Bd. 504.)

Einführung in die darstellende Geometrie. Von Prof. P. B. Fischer. Mit 59 Fig. im Text. (Bd. 541.)

### Angewandte Mathematik.
Praktische Mathematik. Von Prof. Dr. R. Neuendorff. 2 Bde. I. Teil: Graphische Darstellungen. Verkürztes Rechnen. Das Rechnen mit Tabellen. Mechanische Rechenhilfsmittel. Kaufm. Rechnen im tägl. Leben. Wahrscheinlichkeitsrechnung. 2., verbesserte Auflage. Mit 29 Figuren und 1 Tafel. (Bd. 341.) II. Teil: Geometrisches Zeichnen, Projektionslehre, Flächenmessung, Körpermessung. Mit 133 Figuren. (Bd. 526.)

Die Rechenmaschinen und das Maschinenrechnen. Von Regierungsrat Dipl.-Ing. K. Lenz. Mit 43 Abbildungen. (Bd. 490.)

Geometrisches Zeichnen. Von akad. Zeichenlehrer A. Schudeisky. Mit 172 Abb. im Text und aut 12 Tafeln. (Bd. 36.)

Projektionslehre. Die rechtwinklige Parallelprojektion und ihre Anwendung auf die Darstellung technischer Gebilde nebst einem Anhang über die schiefwinklige Parallelprojektion in kurzer leichtfaßlicher Darstellung für Selbstunterricht und Schulgebrauch. Von akad. Zeichenlehrer A. Schudeisky. Mit 206 Abbildungen im Text. (Bd. 564.)

Die Grundzüge der Perspektive nebst Anwendungen. Von Prof. Dr. K. Doehlemann. 2. Aufl. Mit 91 Figuren und 11 Abbildungen. (Bd. 510.)

## Angewandte Mathematik.

**Graphisches Rechnen.** Von Prof. O. Prölß. Mit 164 Fig. im Text. (Bd. 708.)

**Die graphische Darstellung.** Eine allgemeinverständliche, durch zahlreiche Beispiele aus allen Gebieten der Wissenschaft und Praxis erläuterte Einführung in den Sinn und Gebrauch der Methode. Von Hofrat Prof. Dr. F. Auerbach. 2. Aufl. Mit 139 Fig. im Text. (Bd. 437.)

**Maße und Messen.** Von Dr. W. Block. Mit 34 Abbildungen. (Bd. 385.)

**Nautik.** Von Direktor Dr. J. Möller. 2. Aufl. Mit 64 Figuren im Text und 1 Seekarte. (Bd. 255.)

**Vermessungs- und Kartenkunde.** 6 Bände. Jeder Band mit Abbildungen.
*I. Bd. Geographische Ortsbestimmung. Von Prof. Schnauder. (Bd. 606.) *II. Bd. Erdmessung. Von Prof. Dr. Osw. Eggert. (Bd. 607.) III. Bd. Die Landmessung. Von Geh. Finanzrat F. Sudow. Mit 69 Zeichnungen im Text. (Bd. 608.) IV. Bd. Ausgleichungsrechnung nach der Methode der kleinsten Quadrate. Von Geh. Reg.-Rat Prof. C. Hegemann. Mit 11 Figuren im Text. (Bd. 609.) V. Bd. Photogrammetrie (Einfache Stereo- und Luftphotogrammetrie). Von Dipl.-Ing. Hermann Lüscher. Mit 76 Figuren im Text und auf 2 Tafeln. (Bd. 612.) VI. Bd. Kartenkunde. Von Finanzrat Dr. Ing. A. Egerer. I. Einführung in das Kartenverständnis. Mit 49 Abbildungen im Text. (Bd. 610.)

## Mathematische Spiele.

**Mathematische Spiele.** Von Dr. W. Ahrens. 4. verbesserte Aufl. Mit 1 Titelbild und 76 Figuren. (Bd. 170.)

**Das Schachspiel und seine strategischen Prinzipien.** Von Dr. M. Lange. Mit den Bildn. E. Laskers u. P. Morphys, 1 Schachbrettafel u. 49 Diagrammen. 2. Aufl. (Bd. 281.)

## Geschichte.

**Naturwissenschaften, Mathematik und Medizin im klassischen Altertum.** Von Prof. Dr. Joh. L. Heiberg. 2. Aufl. Mit 2 Figuren. (Bd. 370.)

*Die Naturwissenschaften im Mittelalter und im Zeitalter des Wiedererwachens der Wissenschaften. Von Direktor Dr. F. Dannemann. (Bd. 695.)

*Die Naturwissenschaften in der Neuzeit. Von Direktor Dr. F. Dannemann. (Bd. 696.)

## Astronomie und Astrologie.

**Der Bau des Weltalls.** Von Prof. Dr. J. Scheiner. 5. Aufl. Bearbeitet von Prof. Dr. P. Guthnick. Mit 26 Figuren im Text. (Bd. 24.)

**Entstehung der Welt und der Erde nach Sage und Wissenschaft.** Von Geh. Regierungsrat Prof. Dr. M. B. Weinstein. 3. Aufl. (Bd. 223.)

**Weltuntergang in Sage und Wissenschaft.** Von Prof. Dr. K. Ziegler, und Prof. Dr. S. Oppenheim. (Bd. 720.)

**Das astronomische Weltbild im Wandel der Zeit.** Von Prof. Dr. S. Oppenheim. I. Teil: Vom Altertum bis zur Neuzeit. 3. Auflage. Mit 18 Abbildungen. (Bd. 444.) II. Teil: Moderne Astronomie. 2. Auflage. Mit 9 Figuren im Text und 1 Tafel. (Bd. 445.)

**Astronomie in ihrer Bedeutung für das praktische Leben.** Von Professor Dr. A. Marcuse. 2. Aufl. Mit 26 Abbildungen. (Bd. 378.)

**Die Sonne.** Von Dr. A. Krause. Mit 64 Abbildungen. (Bd. 357.)

**Die Planeten.** Von Prof. Dr. B. Peter. Mit 16 Figuren. 2. Aufl. von Observ. Dr. H. Neumann. (Bd. 240.)

**Der Kalender.** Von Prof. Dr. W. F. Wislicenus. 2. Aufl. (Bd. 69.)

**Sternglaube und Sterndeutung.** Die Geschichte und das Wesen der Astrologie. Unter Mitwirkung von Geh. Rat Prof. Dr. C. Bezold dargestellt von Geh. Hofrat Prof. Dr. Franz Boll. 2. Aufl. Mit 1 Sternkarte und 20 Abbildungen. (Bd. 638.)

## Meteorologie.

**Einführung in die Wetterkunde.** Von Prof. Dr. L. Weber. 3. Aufl. Mit 26 Abbildungen im Text und 2 Tafeln. (Bd. 55.)

**Unser Wetter.** Einführung in die Klimatologie Deutschlands an der Hand von Wetterkarten. Von Dr. R. Hennig. 2. Aufl. Mit 46 Abb. im Text. (Bd. 349.)

**Die mit * bezeichneten u. weitere Bände befinden sich in Vorb.**

# Aus Natur und Geisteswelt
Sammlung wissenschaftlich-gemeinverständlicher Darstellungen

387. Band

# Differentialrechnung

unter Berücksichtigung der praktischen Anwendung
in der Technik mit zahlreichen Beispielen
und Aufgaben versehen

von

## Dr. Martin Lindow
Studienrat, Münster i. W.

### Vierte Auflage
16.–20. Tausend

Mit 50 Figuren im Text
und 161 Aufgaben

Springer Fachmedien Wiesbaden GmbH 1922

ISBN 978-3-663-15485-3    ISBN 978-3-663-16057-1 (eBook)
DOI 10.1007/978-3-663-16057-1

Softcover reprint of the hardcover 4th edition 1922

Schutzformel für die Vereinigten Staaten von Amerika:

Copyright 1922 by Springer Fachmedien Wiesbaden

Ursprünglich erschienen bei B. G. Teubner in Leipzig 1922.

Alle Rechte, einschließlich des Übersetzungsrechts, vorbehalten.

## Vorwort.

Wenn die zweite Auflage innerhalb eines Jahres vergriffen war, trotzdem auch während dieser Zeit die politischen Ereignisse alle andern Interessen zu absorbieren drohten, so beweist das wohl am besten, daß das vorliegende Buch seinen Freundeskreis gefunden hat.

Im Vorwort zur ersten Auflage sagte ich unter anderem: „Die Differential- und Integralrechnung hat in der Mathematik und in den exakten Naturwissenschaften dieselbe Bedeutung wie das Mikroskop in den beschreibenden. Der Aufbau eines Ganzen wird nur durch das Studium der kleinsten Teile begreiflich. Der Vorteil, den die Technik aus diesen Rechnungsarten zieht, veranlaßte meine im Winter 1910/11 und 1911/12 in Dortmund gehaltenen Vorträge über „Grundzüge der höheren Mathematik für Ingenieure", jene gaben den Anstoß zum Erscheinen dieses Bändchens. — Bei der Fülle des vorliegenden Stoffes war Beschränkung in materieller Hinsicht geboten. Ich suchte aber wenigstens nach Möglichkeit auf Anwendungen in Mechanik, Elektrotechnik, Wärmelehre, Luftfahrt u. dgl. hinzuweisen. Auch die Form der Darstellung bemühte ich mich möglichst faßlich zu gestalten, oft führte ich Beweise geometrisch, wenn das algebraische Verfahren zu umständlich schien . . ."

Als die zweite Auflage nötig wurde, schlug mir die Verlagsbuchhandlung in dankenswertem Interesse für das Werk vor, es durch ein zweites Bändchen zu ergänzen, welches Übungsaufgaben zu den im ersten entwickelten Sätzen enthalten sollte. Im Gedankenaustausch über diesen Plan gelangten wir jedoch zu der Ansicht, daß es zweckmäßiger sei, die Aufgaben wie bisher der Theorie unmittelbar anzugliedern, ihre Zahl aber zu vermehren und den gesamten Stoff auf zwei in sich abgeschlossene Bändchen zu verteilen. Das erste behandelt die Differentialrechnung, das zweite wird der Integralrechnung gewidmet sein. So wurde es möglich, die charakteristischen Züge zu vertiefen und gleichzeitig den Wünschen der Kritik, deren wohlwollender Beurteilung das Buch seinen Erfolg mit verdankt, nach Möglichkeit Rechnung zu tragen. Noch mehr als bisher konnte ich anstreben, den Leser nie in der Theorie stecken zu lassen, sondern ihn zur eigenen Mitarbeit, zur praktischen Auffassung anzuregen und ihm die Freude am Können zu geben, andrerseits vermochte ich auch einige Gebiete zu vertiefen oder zu erweitern, ohne die Behaglichkeit der Darstellung zu gefährden. Wo es möglich war, wurde gezeigt, wie man die Ergebnisse der Rechnung auf verschiedene Weise prüfen kann.

Wenn schon in der ersten Auflage nur die elementarsten mathematischen Kenntnisse vorausgesetzt wurden, so mußte jetzt besonders darauf Rücksicht genommen werden, daß die letzten Jahre eine regelmäßige Vorbildung erschwerten. Nichts pflegt aber das Studium einer mathematischen Schrift unerfreulicher zu gestalten, als Lücken in den Grundlagen. Damit dem Leser Gelegenheit geboten werde, diese auszufüllen, gelegentlich auch gleiche Gegenstände in verschiedener Beleuchtung zu sehen, wurden in Fußnoten Hinweise auf die Bändchen der Sammlung gegeben, welche die betreffenden Gebiete der Elementarmathematik behandeln. Natürlich ist für jemand, der jene Sätze schon beherrscht, eine Durcharbeitung jener Bücher zum Verständnis des vorliegenden nicht notwendig. Wohl aber kann jedem angeraten werden, später Kowalewskis „Einführung in die Infinitesimalrechnung" (ANuG Bd. 197) zu studieren; dort findet sich eine mehr theoretisch gehaltene strenge Formulierung der Grundlagen.

Eine angenehme Pflicht ist es mir, Herrn Prof. Dr. J. Plaßmann für die gütige Beteiligung am Korrekturlesen meinen verbindlichsten Dank auszusprechen, ebenso allen, die mich auf Druckfehler in den früheren Auflagen hinwiesen, besonders Herrn Güttges in Opladen.

In der dritten Auflage wurden einige Ungenauigkeiten berichtigt, die Kegelschnitte etwas ausführlicher behandelt, das Restglied der MacLaurinschen Reihe konnte noch elementarer entwickelt werden, und der natürliche Logarithmus erhielt das Zeichen $ln$ statt $l$.

Die vierte Auflage bringt eine Darstellung der Hyperbelfunktionen und ihrer Umkehrungen.

Auch in der Geisteswelt gibt es eine Art Energiegesetz; möge das Werk die Freude wieder ausstrahlen, mit der es verfaßt ist.

Münster i. W., September 1921.

M. Lindow.

# Inhalt.

Seite

**I. Der Funktionsbegriff und seine technische Bedeutung. Graphische Darstellung der Funktionen.** . . . 1—9

Funktionen, Veränderliche und Konstanten. Festlegung der Funktionen durch Tabellen und Gleichungen. Beispiele für Funktionen aus der Geometrie und den Naturwissenschaften. Das Bild der Funktion im Achsenkreuz. Die Vorteile der graphischen Darstellung. Einwertigkeit, Endlichkeit, Stetigkeit, Differentiierbarkeit.

**II. Der Differenzenquotient und der Differentialquotient. Differentiation einfacher Funktionen.** . . . . 10—22

Die Tendenz einer Funktion. Das Steigungsmaß. Der Übergang von der Kurvensekante zur Tangente, der Differentialquotient. Die lineare Funktion und die Gerade. Die reine quadratische Funktion und die Parabel. Die reine kubische Funktion. Die Funktion $n$ ten Grades. Der binomische Satz für ganze positive Exponenten. Höhere Differentialquotienten. Ableitungskurven.

**III. Allgemeine Differentiationsregeln. Differentiation schwierigerer Funktionen.** . . 22—40

Der Differentialquotient einer Summe, einer Differenz, eines Produktes mit einem konstanten Faktor, eines beliebigen Produktes, eines Quotienten. Funktionen von Funktionen und implizite Funktionen. Partielle Differentialquotienten. Differentiation einer beliebigen Potenz von $x$. Inverse Funktionen. Trigonometrische und zyklometrische, logarithmische und Exponentialfunktionen. Die Hyperbelfunktionen und ihre Umkehrungen.

**IV. Anwendung der Differentialrechnung auf die Untersuchung technisch wichtiger Kurven.** . 40—61

Steigen und Fallen, konkaver und konvexer Verlauf einer Kurve. Wendepunkte. Der Krümmungsradius. Gerade Linie, Parabel, elastische Linie, Isotherme, Adiabate, Potenzkurven und Polytropen, Kegelschnitte, Kreisevolvente, Zykloide, gedämpfte Schwingungen. Weitere Beispiele.

|  | Seite |
|---|---|
| **V. Reihen.** | 62—80 |

Bedeutung der Reihen. Die geometrische Reihe. Konvergenz. Konvergenzbedingungen für beliebige Reihen. Das Konvergenzintervall der Potenzreihen. Differentialquotient einer Potenzreihe. Die Mac-Laurinsche Reihe und ihre Anwendung zur Berechnung der Funktionen. Das Lagrangesche Restglied. Anwendungen zur Fehlerabschätzung. Der Mittelwertsatz. Die Taylorsche Reihe und ihr Restglied.

|  |  |
|---|---|
| **VI. Anwendungen der Mac-Laurinschen und Taylorschen Reihe.** | 80—90 |

Näherungsformeln. Auflösung von Gleichungen. Maxima und Minima.

|  |  |
|---|---|
| **VII. Prüfungsmethoden.** | 91—95 |
| **Lösungen** | 95—99 |
| **Anhang** | 100—102 |
| **Die wichtigsten Differentialquotienten** | 103 |

### Erstes Kapitel.
## Der Funktionsbegriff und seine technische Bedeutung. Graphische Darstellung der Funktionen.

Eine moderne Maschine besteht meist aus vielen Teilen, von denen jeder seine bestimmte Aufgabe hat. Diese erfüllen sie nicht unabhängig voneinander, sondern in gegenseitigem Zusammenhang, wie auch ihre Form (z. B. bei Zahnrädern) auf das Zusammenarbeiten konstruiert ist. Ist eine Maschine an eine Welle angeschlossen, so hängt die Schnelligkeit der Bewegung jedes einzelnen Elementes von der Tourenzahl $n$ (Umdrehungen in der Minute) der Welle ab, sie ist eine Funktion von $n$.

Unter einer funktionalen Beziehung versteht man ganz allgemein ein Abhängigkeitsverhältnis zweier Zahlen $x$ und $y$, derart, daß zu jedem Wert der „unabhängigen Veränderlichen" $x$ ein einziger bestimmter Wert der „abhängigen Variabeln" $y$ gehört. Jede Vergrößerung oder Verkleinerung von $x$ wird im allgemeinen auch eine Veränderung von $y$ mit sich bringen, die aber nicht gleicher Art zu sein braucht. In unserem Beispiel ist die Tourenzahl $n$ die unabhängige Variable, denn man kann sie innerhalb der praktisch zulässigen Grenzen beliebig annehmen. Ist dies aber einmal geschehen, so ist die Geschwindigkeit jedes Maschinenteiles dadurch bestimmt. Läuft z. B. von der Welle, deren Durchmesser $d$ mm sei, ein Riemen über eine Scheibe vom Durchmesser $d_1$ mm, so macht diese

$$n_1 = \frac{d}{d_1} n \text{ Umdrehungen in der Minute.}$$

An diesen Veränderungen nehmen die Durchmesser nicht teil, sie behalten ihre ursprüngliche Größe. Derartige Zahlen nennt man **Konstanten**.

Erhitzt man einen Kessel, der Wasser und gesättigten Dampf enthält, immer weiter, so zeigt das Manometer starke Drucksteigerung an. Der Druck des gesättigten Wasserdampfes ist also eine Funktion seiner Temperatur; sie ist in technischen Tabellen (z. B. von Fliegner, Holborn, Henning, Baumann) niedergelegt. Die Technik, wie jede andere Naturwissenschaft, darf sich nämlich nicht mit dem gesicherten Bewußtsein begnügen, daß zwischen zwei Größen ein Abhängigkeitsverhältnis besteht, sondern sie muß es zahlenmäßig festlegen, etwa in Form einer Tabelle.

Noch lieber aber ist es dem, der auch theoretisch die Wissenschaft erfassen und vielleicht fördern will, wenn diese Abhängigkeit, wie in dem vorigen Beispiel (Welle und Riemenscheibe) durch eine Gleichung gegeben ist. Auf diese ist der ganze Apparat der mathematischen Analysis zugeschnitten; um ihre reichen Hilfsmittel zur Beherrschung der Naturerscheinungen benutzen zu können, muß man also erst aus der experimentell ermittelten Tabelle das Abhängigkeitsgesetz in Form einer Gleichung zwischen den Variabeln herausfinden, die man in den meisten Fällen
$$y = f(x)$$
schreibt. Die Funktion $f(x)$ bezeichnet darin einen Ausdruck, der durch eine in bestimmter Weise vorgenommene Anwendung der mathematischen Rechenoperationen auf die Größe $x$ (und eventuelle Konstanten) entstanden ist. Zur Unterscheidung der verschiedenen Funktionen kann man statt $f$ auch andere Buchstaben wählen, also $\varphi(x)$, $F(x)$, $\Phi(x)$, $f_1(x)$ u. dgl. schreiben. Diese analytische Darstellung der in der Natur vorkommenden Funktionen aufzusuchen, ist eine Aufgabe der theoretischen Naturwissenschaften; in vielen Fällen, z. B. bei dem Problem des gesättigten Wasserdampfes, ist sie noch nicht gelöst. Hat man $y$ aber einmal in dieser Weise dargestellt, so kann man für jeden zulässigen Wert von $x$ den entsprechenden Wert von $y$ finden. Eine Tabelle kann selbstverständlich nur eine bestimmte endliche, wenn auch sehr große Zahl von Wertepaaren enthalten. Andererseits zwingt uns die mathematische Formulierung zu bisweilen recht umständlichen Rechnungen, während die Tabelle sofort Ergebnisse liefert und daher in der Praxis, wenn die Genauigkeit ausreicht, sehr beliebt ist.

Beispiele für Funktionen existieren in unzähliger Menge. In der Geometrie ist z. B. der Umfang eines Kreises eine Funktion des Durchmessers $d$, der in diesem Falle die unabhängige Veränderliche ist, nämlich
$$U = \pi d.$$
$\pi$ ist die bekannte Konstante 3,142.

Eine andere Funktion des Durchmessers ist der Inhalt $I$, nämlich
$$I = \frac{\pi d^2}{4}.$$

Technische Hilfsbücher, wie die Hütte, enthalten Tabellen für diese Ausdrücke, z. B.

| | 1 | 2 | 3 | 4 | 5 | 6 | 7 | 8 | 9 | 10 |
|---|---|---|---|---|---|---|---|---|---|---|
| $\pi d$ | 3,142 | 6,283 | 9,425 | 12,566 | 15,708 | 18,850 | 21,991 | 25,133 | 28,274 | 31,416 |
| $\frac{\pi d^2}{4}$ | 0,7854 | 3,1416 | 7,0686 | 12,5664 | 19,6350 | 28,2743 | 38,4845 | 50,2655 | 63,6173 | 78,5398 |

In der Mechanik ist der von einem frei fallenden Körper zurückgelegte Weg $s$ eine Funktion der Fallzeit $t$ ($s$ in m, $t$ in sec),

$$s = \tfrac{1}{2} g t^2; \quad g = 9,81 \text{ m/sec}^2.$$

Die theoretische Ausflußgeschwindigkeit einer Flüssigkeit $v = \sqrt{2gh}$, hängt von der Höhe $h$ der Flüssigkeitssäule ab; der Druck, $p$ Atm, den eine eingeschlossene Gasmenge von $v$ cbm ausübt, ist (bei gleichbleibender Temperatur)

$$p = \frac{c}{v},$$

wobei $c$ eine für jeden Fall fest gegebene Größe, eine Konstante, vorstellt, während $v$ die unabhängige, $p$ die abhängige Veränderliche ist.

In der Wärmelehre erweitert sich das eben erwähnte Mariottesche Gesetz zu dem Mariotte-Gay-Lussacschen

$$p = \frac{RT}{v}.$$

Darin ist $R$ eine Konstante, während die absolute Temperatur $T$ und das Volumen $v$ unabhängig voneinander geändert werden können; $p$ ist hier also eine Funktion von zwei unabhängigen Veränderlichen, dem Raum und der Temperatur.

Die Elektrotechnik benutzt sehr häufig das Ohmsche Gesetz

$$i = \frac{e}{w},$$

in dem $i$ die Stromstärke in Ampere, $e$ die Spannung in Volt und $w$ den Widerstand in Ohm angibt. Ist die Spannung, wie z. B. beim Leitungsnetz einer großen Zentrale, konstant, so ist die Stromstärke nur eine Funktion des (regulierbaren) Widerstandes. Schaltet man vor eine Glühlampe einen Rheostaten, dann zeigt sich, daß auch die Lichtstärke, die Wärmeabgabe in der Zeiteinheit u. a. m. Funktionen des unabhängig variabeln Widerstandes sind.

Ein Laie pflegt beim Blick in ein technisches Lehrbuch kein Hehl daraus zu machen, daß ihn Formeln und Zahlen nicht interessieren. Dokumentiert er hierdurch seine Verständnislosigkeit gegenüber den behandelten Problemen, so muß es andererseits auffallen, daß er an den Abbildungen der Maschinen haltmacht und sie sich wenigstens ansieht, wenn ihm auch die Art ihrer Wirkungsweise unklar ist. Während dort der mathematisch-technisch gebildete Verstand in Tätigkeit treten mußte, wirkt hier die unmittelbare Anschauung. Sollte es nicht möglich sein, auch eine Darstellung der Funktionen zu finden, die sich zur Tabelle und Gleichung verhält, wie das Bild zur Beschreibung? Nicht nur der Laie würde davon profitieren.

Dies gelingt in der Tat. Fast alle zu Messungen dienenden Instrumente stellen Zahlen unter Benutzung einer Skala als Längen dar. Die Angaben einer Briefwage, eines Amperemeters, Voltmeters, eines Manometers, Thermometers usw. lesen wir ab, indem wir die Länge des Weges (in Skalenteilen ausgedrückt) bestimmen, die der Zeiger vom jeweiligen Nullpunkt ausgehend zurückgelegt hat. Als einfachster Repräsentant der Zahlen erscheint ein gerader Maßstab. Wir legen auf ihm einen Punkt als Nullpunkt fest und tragen von diesem aus eine passend gewählte Strecke als Einheit wiederholt ab. Es ist gebräuchlich, wenn die betreffende Gerade wagerecht liegt, die Zahlen $0$, $+1$, $+2$, $+3$ usw. von links nach rechts folgen zu lassen, also wie die Buchstaben und Worte einer Zeile. Geht man nun von einer dieser Zahlen, z. B. 6, aus nach links, so kommt man, wenn man eine Einheit zurückgelegt hat, auf $+5$, dann auf $+4$ usf. bis auf $0$. Bei der Fortsetzung dieses Verfahrens erhält man links vom Nullpunkt die Zahlen $-1$, $-2$, $-3$ usw. Die (positiven oder negativen) gebrochenen Zahlen entstehen leicht durch eine feinere Einteilung der Skala, z. B. 3,4, indem man das „Intervall" $3\ldots 4$ in 10 gleiche Teile zerlegt und dann vier Teile, von $+3$ an gerechnet, nach rechts abträgt. Noch feinere Teile lassen sich schätzen.

Die so erhaltene Gerade soll uns die Werte der unabhängigen Veränderlichen $x$ repräsentieren, diese bezeichnen wir als Abszissen, die Gerade als Abszissenachse.

Gehört, wie es bei der Funktion $y = f(x)$ der Fall ist, zu einem Wert von $x$ ein Wert von $y$, so kann man diesen nicht ebenfalls auf der $x$-Achse darstellen, weil dadurch Verwirrung entstehen würde, sondern man nimmt die zweite Dimension der Ebene zu Hilfe, indem man in jedem Punkte $x$ der Abszissenachse die Senkrechte (Ordinate) errichtet und sie gleich $= y$ macht; diese Zahl wird nach oben aufgetragen, wenn sie positiv, nach unten, wenn sie negativ ist. Bei Regi-

Darstellung der Funktionen 5

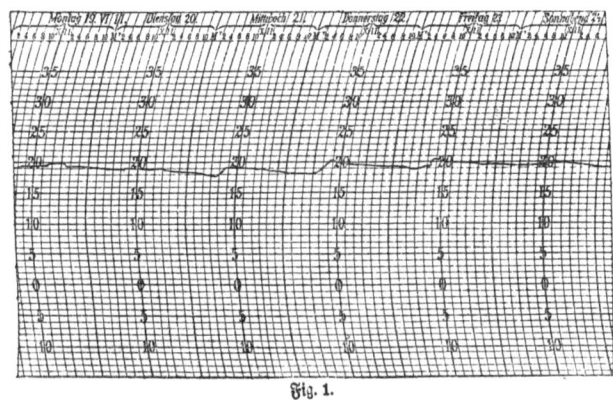

Fig. 1.

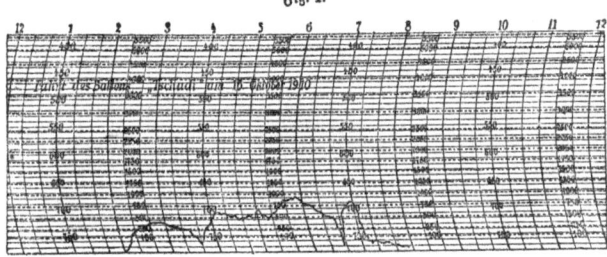

Fig. 2.
Graphische Darstellung einer Ballonfahrt.

striertthermometern z. B. besorgt dies selbständig ein Schreibstift. Auf der Abszissenachse ist, als unabhängige Veränderliche, die Zeit angegeben, die zugehörige Ordinate gibt die zurzeit gemessene Temperatur an. Man beachte den Unterschied zwischen Wärme- und Kältegraden. (Fig. 1.) Die Krümmung der Ordinaten ist mit Rücksicht auf die kreisförmige Bewegung des Zeigers angeordnet.

Abszissen und Ordinaten nennt man zusammenfassend **Koordinaten**.

Will man Celsiusgrade etwa in die des Fahrenheit-Thermometers umwandeln, so gilt die Beziehung

$$y = 32 + \tfrac{9}{5}x,$$

wenn $x$ die Temperatur in Celsius-, $y$ in Fahrenheitgraden mißt. Zur graphischen Darstellung dieser Funktion legt man $x$ passende Werte bei und berechnet jedesmal $y$. So entsteht die folgende Tabelle.

# 6  I. Der Funktionsbegriff und seine technische Bedeutung usw.

| $x$ | 0 | 2 | 4 | 6 | 8 | 10 | 12 | 14 | 16 | 18 | 20 | 22 | 24 | 26 | 28 | 30 |
|---|---|---|---|---|---|---|---|---|---|---|---|---|---|---|---|---|
| $y$ | 32 | 35,6 | 39,2 | 42,8 | 46,4 | 50,0 | 53,6 | 57,2 | 60,8 | 64,4 | 68,0 | 71,6 | 75,2 | 78,8 | 82,4 | 86,0 |

| $x$ | $-2$ | $-4$ | $-6$ | $-8$ | $-10$ | $-12$ | $-14$ | $-16$ |
|---|---|---|---|---|---|---|---|---|
| $y$ | 28,4 | 24,8 | 21,2 | 17,6 | 14,0 | 10,4 | 6,8 | 3,2 |

| $x$ | $-18$ | $-20$ | $-22$ | $-24$ | $-26$ | $-28$ | $-30$ |
|---|---|---|---|---|---|---|---|
| $y$ | $-0,4$ | $-4,0$ | $-7,6$ | $-11,2$ | $-14,8$ | $-18,4$ | $-22$ |

Jedes dieser Wertepaare stellt einen Punkt im Achsenkreuz (Koordinatensystem) dar; man sieht sofort, daß sie alle in einer Geraden liegen. Um auch alle möglichen Zwischenwerte zu berücksichtigen, braucht man nur das Lineal anzulegen. Für $x = 13$ findet man z. B. $y = 55,4$ (Fig. 3).

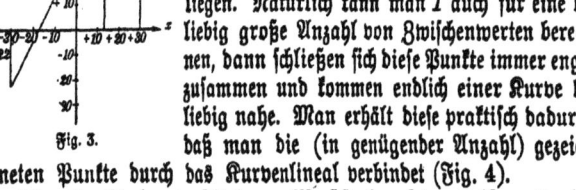

Fig. 3.

Die auf Seite 3 für $I = \frac{\pi d^2}{4}$ berechnete Tabelle liefert bei der Zeichnung eine Anzahl von Punkten, die sicherlich nicht in gerader Linie liegen. Natürlich kann man $I$ auch für eine beliebig große Anzahl von Zwischenwerten berechnen, dann schließen sich diese Punkte immer enger zusammen und kommen endlich einer Kurve beliebig nahe. Man erhält diese praktisch dadurch, daß man die (in genügender Anzahl) gezeichneten Punkte durch das Kurvenlineal verbindet (Fig. 4).

Man beachte den verschiedenen Maßstab auf den Achsen. Da die eine cm, die andere qcm darstellt und diese Maße wegen ihrer verschiedenen Dimensionen gar nicht miteinander verglichen werden können, so liegt keine Notwendigkeit vor, 1 cm durch dieselbe Länge wie 1 qcm wiederzugeben. Die Verschiedenheit des Maßstabes gestattet uns, ein größeres Wertegebiet der Funktion anschaulich zu machen, als sonst möglich wäre; ein Versuch beweist es.

Trotzdem wollten wir für die Zukunft voraussetzen, daß das Einheitsmaß auf der Abzissenachse dieselbe Länge besitze wie das auf der Ordinatenachse, daß das bei Fig. 4 angewendete Verfahren also nur eine Ausnahme sei.

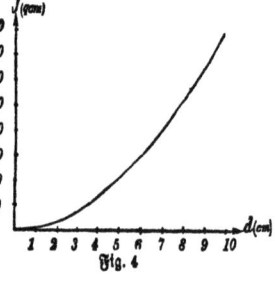

Fig. 4.

Die Vorteile der graphischen Darstellung gegenüber Tabellen und Formeln liegen auf der Hand. 1. Die angestrebte Anschaulichkeit ist erreicht, deshalb wird z. B. ein Elektrizitätswerk seinen Aufschwung den Aktionären vor Augen führen, indem es die Monate als Abszissen, die in ihnen an die Konsumenten abgegebene Kilowattstundenzahl (elektrische Energie) als Ordinaten aufträgt. 2. Die Aufsuchung des Funktionswertes geschieht ebenso schnell wie bei den Tabellen und das bei diesen notwendige lästige Interpolieren fällt fort; das hat das Kurvenlineal selbsttätig besorgt, als die einzelnen Punkte verbunden wurden. 3. Fig. 4 gestattet nicht nur, zu einem gegebenen Kreisdurchmesser den Inhalt zu finden, sondern auch den Durchmesser zu ermitteln, wenn der Inhalt bekannt ist. Ist dieser z. B. 60 qcm, so braucht man nur auf der Ordinatenachse den Punkt $I = 60$ aufzusuchen und, wagerecht weitergehend (parallel zur Abszissenachse), die zugehörige Abszisse $d = 8{,}74$ abzulesen. Fig. 3 ist ebensogut zu gebrauchen, wenn man Celsius- in Fahrenheitgrade umwandeln will, als wenn umgekehrt die Temperatur nach der Fahrenheitskala vorliegt und in die Celsiuseinteilung übergeführt werden soll. Allgemein muß, sobald $y = f(x)$ ist, auch $x$ eine Funktion von $y$ sein, $x = \varphi(y)$, die man als inverse Funktion zu bezeichnen pflegt; um diese darzustellen, ist also keine neue Kurve nötig, sobald man die ursprüngliche Funktion einmal gezeichnet hat.

Als wesentliches Merkmal einer Funktion haben wir die Einwertigkeit hervorgehoben. Ist aber z. B. $y = 2x + \sqrt{x}$, so ist für $x = +1$ entweder $y = 2 + 1 = 3$ oder $2 - 1 = 1$, und dasselbe gilt für alle anderen Werte von $x$. In solchen Fällen stellt die Gleichung zwei verschiedene Funktionen dar. Man spricht bisweilen von einer zweiwertigen Funktion, doch widerspricht diese Ausdrucksweise unserer Definition.

Wir hatten es ferner mit endlichen Funktionen zu tun, wenigstens in dem gezeichneten Intervall, denn nie wurde eine Abszisse oder Ordinate über alle Grenzen groß. $y = \dfrac{x}{2-x}$ besitzt dagegen für $x = 2$ keinen endlichen Wert, sondern wird (abgesehen vom Vorzeichen) beliebig groß, wenn man $x$ genügend nahe an 2 herankommen läßt.

Außerdem waren alle Funktionen stetig, d. h. die Kurven zeigten keine Unterbrechungen, man konnte sie durch einen zusammenhängenden, nirgends durchschnittenen Faden bedecken. Die erwähnte Funktion

8    I. Der Funktionsbegriff und seine technische Bedeutung usw.

$y = \dfrac{x}{2-x}$ springt dagegen, wenn man in der Richtung der positiven
$x$-Achse den Punkt $x = 2$ passiert, von $+\infty$ auf $-\infty$.

Endlich nähert sich die Kurve $I = \dfrac{\pi d^2}{4}$ in ihren kleinsten Teilen
immer mehr einer Geraden. Man erkennt dies, wenn man den Maß=
stab passend vergrößert (und dabei überflüssige Teile der Zeichnung
fortläßt). Es gilt z. B. für den zwischen $d = 3$ und $d = 4$ liegenden
Teil folgende Tabelle, die in Fig. 5 wiedergegeben ist.

| $d$ | 3 | 3,1 | 3,2 | 3,3 | 3,4 | 3,5 | 3,6 | 3,7 | 3,8 | 3,9 | 4 |
|---|---|---|---|---|---|---|---|---|---|---|---|
| $\dfrac{\pi d^2}{4}$ | 7,069 | 7,548 | 8,042 | 8,553 | 9,079 | 9,621 | 10,179 | 10,752 | 11,341 | 11,946 | 12,566 |

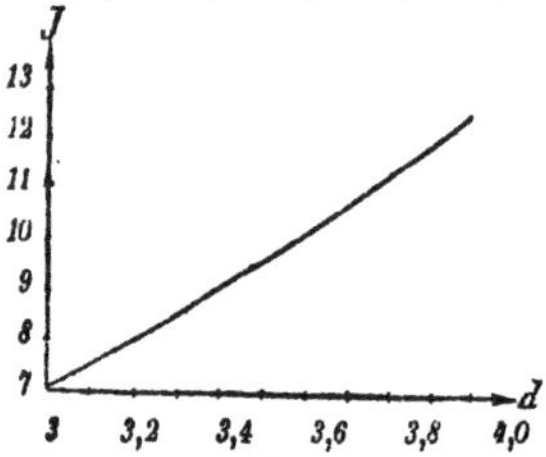

Man zeichne die Funktion zwischen
$x = 3,4$ und $3,5$, indem man jedesmal
$d$ um $0{,}01$ wachsen läßt.

Diese Eigenschaft einer Kurve, in ihren
kleinsten Teilchen geradlinig zu sein, be=
zeichnet man als Differentiierbar=
keit. Eine differentiierbare Funktion muß
also immer stetig sein, während die Um=
kehrung dieses Satzes nicht immer zutrifft.

Fig. 5.

Die eben geschilderten vier Grundeigenschaften einer Funktion können
wir, von vereinzelten Ausnahmen abgesehen, die man mit leichter
Mühe erkennen kann, bei allen Funktionen voraussetzen, die in der
Technik Verwendung finden.

## Aufgaben.[1])

**1.** Über einem rechtwinkligen Fabrikgrundstück bewegt sich ein
Laufkran auf der Kranfahrbahn und eine Laufkatze auf dem Lauf=
kran. Warum kann diese Anlage zur Erläuterung
des Koordinatenbegriffs dienen? (Fig. 6.)

Die folgenden Funktionen sollen graphisch dar=
gestellt werden: **2.** $y = 2 + 0{,}5 x$. **3.** $y = 2 - 0{,}5 x$.
**4.** $y = -2 + 0{,}5 x$. **5.** $y = -2 - 0{,}5 x$. **6.** $y = p + qx$,
wenn für $p$ und $q$ beliebige bekannte Zahlen ge=

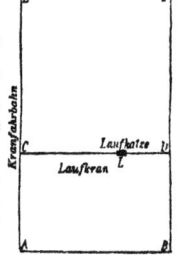

Fig. 6.

---

[1]) Weitere Aufgaben findet man in Auerbach,
Die graphische Darstellung (ANuG Bd. 437), Cranz,
Analytische Geometrie der Ebene (ANuG Bd. 504) und
Neuendorff, Praktische Mathematik (ANuG Bd. 341).

nommen werden. Man ändere die Vorzeichen. **7.** $y = 3x^2$. **8.** $y = \frac{1}{8}x^2$. **9.** $y = x^2 + 2$. **10.** $y = x^2 - 2$. **11.** $y = \frac{3}{5}x^2 - 6$. **12.** $y = 13 - 1{,}5x^2$. **13.** $y = \frac{1}{x}$. **14.** $y = \frac{2-x}{3+x}$. **15.** $y = \frac{7}{x^2+1}$. **16.** $y = \frac{2x^2}{3x^3-3}$. **17.** $y = \sqrt{x}$. **18.** $y = \sqrt{2x+1}$. **19.** $y = \sqrt[3]{x}$. **20.** $y = \sqrt{\frac{2x+1}{2x-5}}$.

**21.** Man wähle bei den gezeichneten Kurven Punkte aus, die von besonderem Interesse zu sein scheinen und zeichne deren Umgebung in zehn- oder hundertfach vergrößertem Maßstabe. Wozu?

**22.** Wie wählt man den Maßstab, wenn man von der Kurve eine allgemeine Übersicht haben will?

**23.** Kann man mit Recht der graphischen Darstellung den Vorwurf der Ungenauigkeit machen?

**24.** Man ermittle den Funktionswert $y$ aus der Zeichnung für Werte von $x$, die zwischen den bei der Konstruktion benutzten liegen (graphische Interpolation). Nachher stelle man durch direkte Rechnung den Genauigkeitsgrad fest.

**25.** Welche der obigen Funktionen kann man (ungenau) als mehrwertig bezeichnen?

**26.** Welche Funktionen werden für endliche Werte von $x$ unendlich groß? Man lasse in $y = \frac{1}{x^2-5}$ die Größe $x$ stufenweise dem Werte $\sqrt{5} = \pm 2{,}236\ldots$ nahekommen, einmal von unten her (2; 2,2; 2,23; 2,236 ...) dann von oben her (3; 2,3; 2,24; 2,237 ...) $y = \infty$ ist nur eine symbolische Abkürzung für grenzenloses Größerwerden.

**27.** Findet sich bei einer Kurve eine Unterbrechung der Stetigkeit?

**28.** Legt eine Zeichnung die Vermutung nahe, daß eine unserer Funktionen nicht differentiierbar ist?

## Zweites Kapitel.
## Der Differenzenquotient und der Differentialquotient. Differentiation einfacher Funktionen.

Die graphische Darstellung des Thermometer- und Barometerstandes interessiert vor allem deswegen, weil man sofort erkennen kann, ob in einem gewissen Zeitpunkt diese Größen steigende oder fallende Tendenz besitzen. Dasselbe gilt von der Produktionskurve einer Fabrik. Konnte man dort meteorologische Schlüsse ziehen, so kommt hier die Rentabilität des Unternehmens zum Ausdruck. Bei der Untersuchung der Funktion $y = f(x)$ tritt dieselbe Frage an uns heran. Zu ihrer Entscheidung für einen gegebenen Punkt, dessen Abszisse $x$ und dessen Ordinate $y = f(x)$ ist, lassen wir $x$ um die Größe $\triangle x$ auf $x_1$ wachsen, so daß $\triangle x = x_1 - x$ ist. $\triangle$ ist die Abkürzung für das Wort Differenz, also ein Symbol ähnlich wie sin, cos u. dgl., nicht aber ein Faktor, mit dem $x$ multipliziert werden soll. Gleiches gilt ja von dem bereits benutzten Zeichen $f$, dem Funktionssymbol. Für $x_1 = x + \triangle x$ kann man den zugehörigen Wert
$$y_1 = f(x_1) = f(x + \triangle x)$$
leicht berechnen. Ist $y_1$ größer als $y$, also $y_1 - y$ größer als 0, so steigt die Kurve. $y_1 - y$ sei der Analogie wegen durch $\triangle y$ bezeichnet. Ist $\triangle y$ kleiner als 0, so fällt die Kurve, ist $\triangle y = 0$, so bleibt sie auf gleicher Höhe.

Es sei etwa $y = \frac{\pi}{4} x^2$ in der Umgebung des Punktes $P$ zu untersuchen, dessen Abszisse $x = 4$ ist. Man berechnet zunächst $y = \frac{\pi}{4} \cdot 4^2 = 12{,}57$. Dann erteilt man $x$ einen beliebigen Zuwachs, z. B. $\triangle x = 1$, so daß $x_1 = 5$ wird. $y_1 = \frac{\pi}{4} \cdot 5^2$ wird $= 19{,}64$ also $\triangle y = 19{,}64 - 12{,}57 = +7{,}07$. Die Kurve steigt in dem betrachteten Punkte, mit wachsendem Durchmesser wird der Kreisinhalt selbstverständlich größer.

Ein Gas erfülle bei einem Druck von 1 Atm. und der Temperatur 15° den Raum 200 l. Wird es ohne Temperaturänderung zusammengepreßt oder ausgedehnt, so gilt für Druck $p$ und Volumen $v$ die Beziehung: $pv = 200 \cdot 1 = 200$ oder $p = \frac{200}{v}$. Hat man das Gas auf $v = 250$ l ausgedehnt und vergrößert den Raum noch um $\triangle v = 1{,}71$,

Zunahme und Abnahme. Steigungsmaß    11

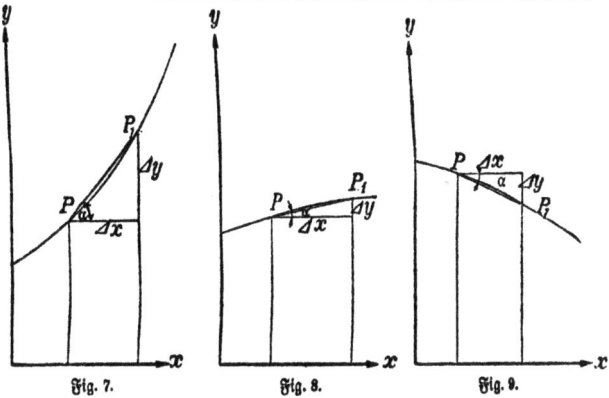

Fig. 7.    Fig. 8.    Fig. 9.

so ist $p = \dfrac{200}{250} = 0{,}8$ Atm.;

$v_1 = 250 + 1{,}7 = 251{,}7; p_1 = \dfrac{200}{251{,}7} = 0{,}7946$ Atm., $\triangle p = -0{,}0054$, der Druck nimmt ab.

Es interessiert aber nicht nur, zu erfahren, ob eine Größe zu- oder abnimmt, sondern auch, ob diese Änderung relativ stark oder schwach ist. Tritt der erste Fall bei $y = f(x)$ ein, so wird für einen kleinen Zuwachs $\triangle x$ die Ordinate $y$ erheblich größer werden. Die Verbindungsgerade der betreffenden Kurvenpunkte $PP_1$ wird steil gegen die Abszissenachse geneigt sein, das „Steigungsmaß" tg[1]) $\alpha = \dfrac{\triangle y}{\triangle x}$ wird groß sein (Fig. 7). Bei schwacher Steigung ist $\dfrac{\triangle y}{\triangle x}$ klein (Fig. 8) und bei fallender Tendenz negativ (Fig. 9), da der Zähler negativ, der Nenner positiv ist. Auch $\alpha$ wird im letzten Fall negativ. Zeichnet man z. B. die Kurve, welche der Gleichung $y = \dfrac{x^2}{4} - x$ entspricht (Fig. 10) und verbindet die Punkte, deren Abszissen $x = 5$, $x_1 = x + \triangle x = 7$ sind, so wird $y = 1{,}25$, $y_1 = 5{,}25$, $\operatorname{tg} \alpha = \dfrac{\triangle y}{\triangle x} = \dfrac{4}{2} = 2$, $\alpha = 63^\circ\, 26'$. Für $x = 1$, $x_1 = 3$ erhält man $\triangle y = 0$, $\operatorname{tg} \alpha = 0$, $\alpha = 0$; für $x = -4$, $x_1 = -2$ wird $\triangle x = -2 - (-4) = +2$, $y = 8$, $y_1 = 3$, $\triangle y = -5$, also $\operatorname{tg} \alpha = -2{,}5$, $\alpha = -68^\circ\, 12'$.

---

1) Näheres über die Funktion Tangens findet man in Crantz, Trigonometrie (ANuG Bd. 431 § 5).

**12** II. Der Differenzenquotient und der Differentialquotient usw.

Fig. 10 zeigt aber auch gleichzeitig die Mängel unseres Verfahrens, es wurde bisher nicht eigentlich das Steigen und Fallen der Kurve selbst untersucht, sondern man betrachtete die Verbindungslinie zweier Kurvenpunkte, eine Kurvensekante, und deren Verlauf gibt den der Kurve doch nur in roher Annäherung wieder. Für $x=1$, $\triangle x=2$ fanden wir $\triangle y=0$, die Sekante steigt dort weder noch fällt sie, sondern sie läuft der Abszissenachse parallel. Für die Kurve selbst trifft dies in dem genannten Intervall durchaus nicht zu, sie fällt zunächst, dann steigt sie wieder. Aber wenn auch Kurve und Sekante

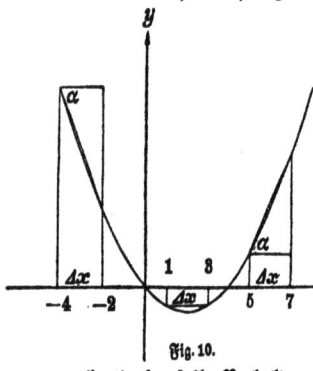

Fig. 10.

qualitativ dasselbe Verhalten zeigen, wie für $x=5$, so gilt doch das oben gefundene Steigungsmaß für die Sekante, nicht für die Kurve. Nimmt man für die willkürliche Größe $\triangle x$ einen anderen Wert, z. B. 1 an, so wird dort

$$\frac{\triangle y}{\triangle x} = \frac{3-1{,}25}{1} = 1{,}75, \quad \alpha = 60^0\,15'.$$

$\triangle x = 0{,}1$ liefert $\dfrac{\triangle y}{\triangle x} = \dfrac{1{,}4025 - 1{,}25}{0{,}1} = 1{,}525; \quad \alpha = 56^0\,45'.$

$\triangle x = 0{,}01$ gibt $\dfrac{\triangle y}{\triangle x} = \dfrac{1{,}265025 - 1{,}250000}{0{,}01} = 1{,}5025, \quad \alpha = 56^0\,21'.$

Das Steigungsmaß der Sekante ist demnach sicherlich von der Wahl der Zusatzgröße $\triangle x$ abhängig. Wenn man diese sehr klein annimmt, so ist die Abweichung der Kurve von der Sekante schon sehr gering, so daß der zugehörige Differenzenquotient $\dfrac{\triangle y}{\triangle x}$ mit immer zunehmender Genauigkeit als Steigungsmaß der Kurve betrachtet werden kann, je kleiner man $\triangle x$ wählt. Zur Klärung des Problems unterbrechen wir einen Augenblick die Untersuchung unserer Kurve, um uns der bekanntesten krummen Linie, dem Kreise, zuzuwenden.

$AB$ in Fig. 11 sei eine Sehne, die Verlängerung $BS$ ergänzt sie zu einer Sekante. Zieht man von $A$ aus eine kürzere Sehne $AB_1$, so wird der Zentriwinkel kleiner ($M_1 < M$), Winkel $A$ größer ($A_1 > A$), da $A = 90^0 - \dfrac{M}{2}$, $A_1 = 90^0 - \dfrac{M_1}{2}$. $\measuredangle A$ nähert sich unbegrenzt einem

## Sekante und Tangente

rechten Winkel, wenn $B$ nahe genug an $A$ heranrückt. Soll die Sehne z. B. so gezogen werden, daß die Abweichung höchstens 5° beträgt, so braucht man nur den Zentriwinkel $AMB_2 = 10°$ zu machen; für alle Sehnen, die noch kleiner sind als $AB_2$, ist der Unterschied $90° - A$ geringer als 5°.

Ist $A = 90°$, so tritt statt des Dreiecks $AMB_2$ die Linie $AM$ auf. Unsere Gerade hat die Lage $AT$, sie ist keine Sekante mehr, da sie den Kreis nicht mehr in zwei Punkten von endlicher Entfernung schneidet, sondern nur noch $A$ mit ihm gemeinsam hat. Wir nennen sie jetzt Tangente.

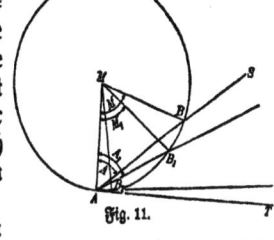

Fig. 11.

Kann man allgemein durch einen gegebenen Punkt $A$ einer Kurve (die nicht gerade ein Kreis zu sein braucht) eine Gerade ziehen, der sich die verschiedenen von $A$ ausgehenden Sekanten unbegrenzt nähern, und zwar um so mehr, je kleiner die entsprechende Sehne wird, so wollen wir diese Grenzlage als Tangente bezeichnen; aus dieser Definition ergibt sich, daß sie besser als jede Sehne das Verhalten der Kurve in jenem Punkte kennzeichnet; ihn nennen wir Berührungspunkt.

Die obigen Überlegungen, welche uns die geometrische Konstruktion der Tangente an einen beliebigen Punkt eines gegebenen Kreises lieferten — man hat nur nötig, im Berührungspunkt auf dem zugehörigen Radius die Senkrechte zu errichten —, gelten nur für diese Kurve, bei jeder anderen müßte man von vorn anfangen. Deswegen suchen wir ein allgemeines Verfahren und greifen auf unser Beispiel $\left(y = \dfrac{x^2}{4} - x\right)$ zurück.

Wir wissen, daß wir für jede Sekante, mögen die Endpunkte der zugehörigen Sehne nahe oder weit sein, das Steigungsmaß finden können. Es läge nahe, das der Grenzlage dadurch zu erzwingen, daß man $x_1$ einfach gleich $x$ setzt. Dann wird von selbst $y_1 = y$ und der Differenzenquotient $\dfrac{\Delta y}{\Delta x} = \dfrac{0}{0}$. Im ersten Augenblick könnte man vielleicht annehmen, daß dieser Wert gleich 1 sei. Die Prüfung ist leicht. Daß $\frac{12}{4} = 3$ ist, beweist man durch Ausführung der Multiplikation $3 \cdot 4$, die den Zähler des ersten Bruches, 12, ergeben muß und auch ergibt; $\frac{23}{6} = 5$ ist falsch, denn $5 \cdot 6$ ist 30 und nicht 23. So scheint $\frac{0}{0} = 1$ zu sein, denn $1 \cdot 0 = 0$. Aber der Wert $\operatorname{tg} \alpha = 1$ entspricht dem Winkel $\alpha = 45^0$, der offenbar für unsere Figur nicht paßt. Auch rechnerisch scheint der Differenzenquotient nicht der Zahl 1, sondern 1,5 zuzustreben, da wir oben für ihn die Werte 1,75; 1,525; 1,5025 erhielten. In

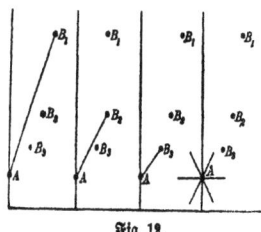

Fig. 12.

der Tat kann man auch $\frac{0}{0} = 1,5$ setzen, denn $1,5 \cdot 0 = 0$, aber ebensogut auch gleich jeder andern endlichen Zahl $a$; $\frac{0}{0}$ ist an sich völlig unbestimmt. Dies entspricht genau geometrischen Tatsachen. Nimmt man $x = x_1$, $y = y_1$, so hat man überhaupt nicht zwei Punkte (die eine bestimmte Sekante liefern würden), sondern nur einen, und durch einen Punkt kann man, wenn man sich um seine Umgebung nicht kümmert, eine Gerade in ganz beliebiger Richtung legen, so daß ihr Steigungsmaß, $\operatorname{tg} \alpha$, völlig unbestimmt wird (Fig. 12).

Unser Verfahren versagt also gerade da, wo wir es brauchen, es gleicht einem Weg, der in der Nähe des Zieles durch einen Fluß unterbrochen wird. In diesem Fall wird der Wanderer sich freuen, einen parallel laufenden Pfad zu entdecken, der an der kritischen Stelle eine Brücke hat. Die Aufgabe ist daher, den Ausdruck $\frac{\Delta y}{\Delta x}$ so umzuformen, daß er nach wie vor für jede Sekante richtig bleibt, daß er aber gleichzeitig erkennen läßt, ob ein Grenzwert da ist, von dem er beliebig wenig abweicht, wenn $\triangle x$ hinreichend klein gemacht wird. Ist dies der Fall, so gibt der Grenzwert des Differenzenquotienten den Tangens des Winkels, welchen die Kurventangente mit der positiven Abszissenachse bildet, denn diese war ja als Grenzlage der Sekante definiert. Um das in der Benennung zum Ausdruck zu bringen, spricht man nach dem Übergang zur Grenze nicht mehr von Differenzen-, sondern vom Differentialquotienten und schreibt ihn $\frac{dy}{dx}$ (Aussprache: $dy$ nach $dx$). Da er aus $y = f(x)$ hervorgegangen ist, heißt er auch die Ableitung dieser Funktion und wird, wenn keine Verwechslung möglich ist, durch $y'$ oder $f'(x)$ bezeichnet. Die Aufgabe der Differentialrechnung ist es, zu jeder gegebenen Funktion $y = f(x)$ den Differentialquotienten zu bilden oder (in selten vorkommenden Fällen) die Unmöglichkeit dieses Prozesses nachzuweisen.

So ist in unserem Fall
$y = \frac{1}{4}x^2 - x; \; y_1 = \frac{1}{4}x_1^2 - x_1;$

$$\frac{\Delta y}{\Delta x} = \frac{(\frac{1}{4}x_1^2 - x_1) - (\frac{1}{4}x^2 - x)}{x_1 - x} = \frac{\frac{1}{4}x_1^2 - x_1 - \frac{1}{4}x^2 + x}{x_1 - x}$$

$$\frac{\Delta y}{\Delta x} = \frac{\frac{1}{4}(x_1^2 - x^2) - (x_1 - x)}{x_1 - x} = \frac{\frac{1}{4}(x_1 - x)(x_1 + x) - (x_1 - x)}{x_1 - x}$$

$$\frac{\Delta y}{\Delta x} = \frac{(x_1 - x)\left[\frac{1}{4}(x_1 + x) - 1\right]}{x_1 - x} = \frac{1}{4}(x_1 + x) - 1.$$

Nehmen wir z. B. $x = 5$, $x_1 = 6$, so erhalten wir $\frac{\Delta y}{\Delta x} = \frac{1}{4}(6 + 5) - 1$ $= 1,75$; für $x = 5$, $x_1 = 5,1$ wird $\frac{\Delta y}{\Delta x} = 1,525$, für $x = 5$, $x_1 = 5,01$ resultiert 1,5025. Man bekommt dieselben Werte wie oben; es muß ja auch so sein, da nur erlaubte algebraische Umformungen vorgenommen wurden.

Lassen wir jetzt $x_1$ immer näher an $x$ heranrücken, so strebt $x_1 + x$ dem Werte $x + x = 2x$ zu, und der Grenzwert des Differenzenquotienten, der Differentialquotient, wird

$$\frac{dy}{dx} = y' = f'(x) = \frac{1}{4} \cdot 2x - 1 = \frac{x}{2} - 1.$$

Für $x = 5$ ergibt sich $y' = 1,5$, wie wir es früher vermuteten, $\alpha$ wird $56^\circ\,19'$.

In der Technik bewirkt die endliche Strichstärke der Zeichnung, daß sich Sekante und Tangente, Differenzen- und Differentialquotient, sobald die Differenzen einigermaßen gering sind, nicht merklich unterscheiden.

Eine Veranschaulichung des Überganges vom Differenzen- zum Differentialquotienten liefert für unser Beispiel Fig. 13. Hier sind die Werte von $\frac{\Delta y}{\Delta x}$ für $x = 5$ und verschiedene Werte von $\triangle x$ berechnet und dann graphisch dargestellt worden.

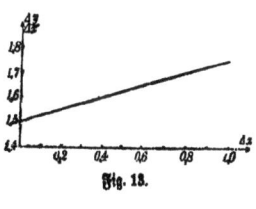

Fig. 13.

| $\triangle x$ | 0,2 | 0,4 | 0,6 | 0,8 | 1,0 |
|---|---|---|---|---|---|
| $\triangle y$ | 0,31 | 0,64 | 0,99 | 1,36 | 1,75 |
| $\frac{\Delta y}{\Delta x}$ | 1,55 | 1,6 | 1,65 | 1,7 | 1,75 |

Bei anderen Funktionen strebt das zeichnerische Bild der Differenzenquotienten auch immer für $\triangle x = 0$ dem Differentialquotienten zu, aber im allgemeinen krummlinig.

Wir untersuchen jetzt die einzelnen Funktionen planmäßig.

1. Eine Funktion heißt **linear** oder **ersten Grades**, wenn sie durch die Gleichung
$$y = ax + b$$
gegeben ist, in der $a$ und $b$ bekannte konstant bleibende Zahlen sind. Es ist dann
$$y_1 = ax_1 + b,$$
also
$$\triangle y = y_1 - y = ax_1 - ax = a(x_1 - x) = a\triangle x$$

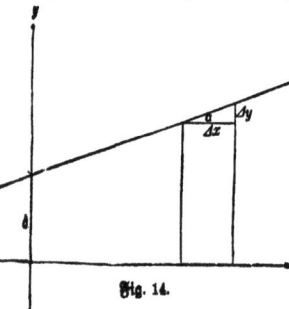

Fig. 14.

$\frac{\triangle y}{\triangle x} = a$. Jede Verbindungsgerade zweier Punkte der Linie hat genau dasselbe Steigungsmaß, daher ist auch im Grenzfall der Differentialquotient konstant, nämlich
$$\frac{dy}{dx} = a.$$

Die Linie, welche die lineare Funktion repräsentiert, hat stets dieselbe Richtung, muß daher eine Gerade sein. Ihr Winkel gegen die X-Achse genügt der Gleichung
$$\operatorname{tg} \alpha = a.$$
Für $x = 0$ wird $y = b$; $b$ bedeutet somit das Stück, welches die Gerade auf der Ordinatenachse abschneidet.

Man wende diese Betrachtungen auf die graphische Darstellung der Funktionen
$$y = 2x + 1; \quad y = 1,5x - 3; \quad y = -0,4x + 6; \quad y = -1,2x - 3$$
und ähnliche an, sowie auf Fig. 3 und Aufgabe 2 bis 6.

Ist $b = 0$, so geht die Gerade durch den Anfangspunkt. Ihre Ordinaten sind den Abszissen proportional, denn aus $y = ax$ folgt für zwei Wertepaare $x_1, y_1$ und $x_2, y_2$
$$y_2 = ax_2, \quad y_1 = ax_1,$$
also durch Division $\quad y_2 : y_1 = ax_2 : ax_1 = x_2 : x_1.$

Ein Beispiel ist $y = \pi x$, denn die Umfänge der Kreise sind ihren Durchmessern proportional. $\operatorname{tg}\alpha$ ist hier $= 3{,}142$, $\alpha = 72°\,21'$. Entsprechende Verhältnisse treten auf, wenn man Réaumur- in Celsiusgrade, Meter in Fuß und sonstige Maße ineinander umrechnet. Bei dem Hookeschen Dehnungsgesetz ist die Dehnung der Spannung proportional usf.

2. Die **reine quadratische Funktion** ist definiert durch
$$y = cx^2.$$

Hier und weiterhin sind die Konstanten durch die Anfangsbuchstaben, die Variabeln durch die Endbuchstaben des Alphabets bezeichnet, wenn nicht ausdrücklich das Gegenteil ausgemacht ist.

$$\frac{\Delta y}{\Delta x} = \frac{y_1 - y}{x_1 - x} = \frac{c(x_1{}^2 - x^2)}{x_1 - x} = \frac{c(x_1 - x)(x_1 + x)}{x_1 - x}$$

$$\frac{\Delta y}{\Delta x} = c(x_1 + x).$$

Läßt man jetzt $x_1$ immer näher an $x$ herantreten, so kann man im Grenzfall $x_1 = x$ setzen und hat dann

$$\frac{dy}{dx} = 2cx.$$

Die Kurve, deren Gleichung $y = cx^2$ ist, definieren wir als Parabel. Durch Division erhält man $\frac{y}{x} = cx$, also

$$\frac{dy}{dx} = \operatorname{tg} \alpha = 2cx = \frac{2y}{x}.$$

Fig. 15 zeigt, wie dies Ergebnis zur Konstruktion der Parabeltangente $PQR$ in $P$ benutzt wird.

Sollen alle in der Parabelgleichung vorkommenden Größen Strecken bedeuten, so muß man die Konstante $c$ durch $\frac{1}{a}$ ersetzen, hat also

$$y = \frac{x^2}{a};$$

$a$ heißt der Parameter.

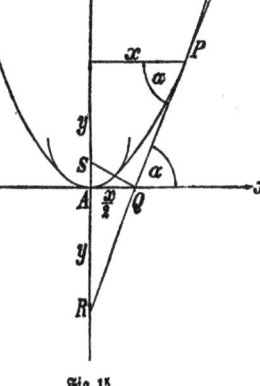

Fig. 15.

$QS$ sei senkrecht auf $PR$. Dann ist nach dem Höhensatz im rechtwinkligen Dreieck

$$SA \cdot AR = AQ^2, \quad SA = \frac{AQ^2}{AR} = \frac{\frac{x^2}{4}}{y} = \frac{ay}{4y} = \frac{a}{4}.$$

Der Punkt $S$ heißt der Brennpunkt der Parabel. Bewegt man ein Zeichendreieck so, daß der Scheitelpunkt des rechten Winkels auf der Abszissenachse fortschreitet und der eine Schenkel stets durch den Brennpunkt geht, dann bildet der andere eine Parabeltangente. Eine genügende Anzahl derselben läßt die Gestalt der Kurve sehr deutlich hervortreten (Umhüllungskonstruktion).[1]

---

[1] Genaueres über die Parabel findet man in Cranz, Analytische Geometrie (ANuG Bd. 504, V. Abschnitt).

3. Die einfachste kubische Funktion ist $y = ax^3$
$$\frac{\Delta y}{\Delta x} = \frac{ax_1^3 - ax^3}{x_1 - x} = \frac{a(x_1^3 - x^3)}{x_1 - x} = \frac{a(x_1 - x)(x_1^2 + x_1 x + x^2)}{x_1 - x}$$
$$= a(x_1^2 + x_1 x + x^2).$$
Im Grenzfall $(x_1 = x)$ wird
$$\frac{dy}{dx} = 3ax^2.$$

4. Zur Differentiation der Funktion nten Grades
$$y = ax^n + bx^{n-1} + cx^{n-2} + \cdots + kx + l$$
braucht man die Formel
$$x_1^n - x^n = (x_1 - x)(x_1^{n-1} + x_1^{n-2}x + x_1^{n-3}x^2 + x_1^{n-4}x^3 + \cdots + x_1^2 x^{n-3} + x_1 x^{n-2} + x^{n-1}),$$
deren Richtigkeit sich leicht durch Ausmultiplizieren ergibt, da sich dann die mittleren Glieder paarweise aufheben.
$$\frac{\Delta y}{\Delta x} = \frac{a(x_1^n - x^n) + b(x_1^{n-1} - x^{n-1}) + c(x_1^{n-2} - x^{n-2}) + \cdots + k(x_1 - x) + l - l}{x_1 - x}$$
$$\frac{\Delta y}{\Delta x} = \frac{(x_1 - x)[a(x_1^{n-1} + x_1^{n-2}x + \cdots + x^{n-1}) + b(x_1^{n-2} + \cdots + x^{n-2}) + c(x_1^{n-3} + \cdots + x^{n-3}) \cdots + k]}{x_1 - x}$$
$$\frac{\Delta y}{\Delta x} = a(x_1^{n-1} + \cdots + x^{n-1}) + b(x_1^{n-2} + \cdots + x^{n-2})$$
$$+ c(x_1^{n-3} + \cdots + x^{n-3}) \cdots + k.$$

In der ersten Klammer stehen, wie sich durch Abzählen der Exponenten $(x^0, x^1 \ldots x^{n-1})$ ergibt, $n$ Glieder, in der zweiten $n - 1$ usf. Im Grenzfall nehmen in einer Klammer alle Summanden denselben Wert an, nämlich $x^{n-1}$, $x^{n-2}$ usw. Es ist
$$\frac{dy}{dx} = nax^{n-1} + (n-1)bx^{n-2} + (n-2)cx^{n-3} + \cdots + k.$$

Eine Anwendung unserer Formel ist die Ableitung des binomischen Satzes für ganze positive Exponenten.[1]) Bekanntlich ist
$$(a + x)^2 = a^2 + 2ax + x^2$$
$$(a + x)^3 = a^3 + 3a^2 x + 3ax^2 + x^3.$$

Bei jeder weiteren Multiplikation wächst der höchste Exponent von $x$, der „Grad" der erhaltenen Funktion, um 1; man hat schließlich

a) $(a + x)^n = A + Bx + Cx^2 + Dx^3 + \cdots Lx^{n-1} + Mx^n$,

und es ist unsere Aufgabe, die konstanten Koeffizienten zu bestimmen. Soll die Gleichung nicht nur für einen speziellen, sondern für jeden

---

[1]) Eine Ableitung dieses Satzes ohne Differentialrechnung steht in Crantz, Algebra (ANuG Bd. 205), V. Abschnitt. Dort finden sich auch Eigenschaften der bei der Entwicklung auftretenden „Binomialkoeffizienten".

Wert von $x$ richtig sein, so gilt sie auch für zwei Nachbarwerte $x$ und $x_1$. Diese Gleichungen darf man subtrahieren und durch $\triangle x = x_1 - x$ dividieren. Die linke Seite wird

$$\frac{(a+x_1)^n - (a+x)^n}{x_1 - x}$$

$$= \frac{[(a+x_1)-(a+x)][(a+x_1)^{n-1} + (a+x_1)^{n-2}(a+x) + \cdots + (a+x)^{n-1}]}{x_1 - x}$$

$[(a+x_1) - (a+x)] = [a + x_1 - a - x] = [x_1 - x]$.

Die erste Klammer des Zählers hebt sich gegen den Nenner, und der Differenzenquotient wird der zweiten Klammer gleich. Der Differentialquotient wird links $= n(a+x)^{n-1}$. Die rechte Seite der Gleichung kann nach der obigen Regel differentiiert werden. So ergibt sich

b) $n(a+x)^{n-1} = B + 2Cx + 3Dx^2 + \cdots + (n-1)Lx^{n-2}$
$\qquad + nMx^{n-1}.$

Die vorigen Betrachtungen lassen sich wörtlich auf diese neue Gleichung anwenden, und man erhält durch wiederholtes Differentiieren

c) $n(n-1)(a+x)^{n-2} = 2C + 2\cdot 3 Dx$
$\qquad + \cdots + (n-1)(n-2)Lx^{n-3} + n(n-1)Mx^{n-2}$

d) $n(n-1)(n-2)(a+x)^{n-3} = 2\cdot 3\cdot D$
$\qquad + \cdots + (n-1)(n-2)(n-3)Lx^{n-4} + n(n-1)(n-2)Mx^{n-3}$

. . . . . . . . . . . . . . . . . . . . . .

$n(n-1)(n-2)\ldots 3\cdot 2\cdot (a+x) = (n-1)(n-2)\ldots 2\cdot 1\cdot L$
$\qquad + n(n-1)\ldots 3\cdot 2 Mx$

$n(n-1)(n-2)\ldots 3\cdot 2\cdot 1 = n(n-1)\ldots 3\cdot 2\cdot 1\cdot M.$

Für den speziellen Wert $x = 0$ ist

a) $a^n = A;$  $\qquad\qquad A = a^n$

b) $na^{n-1} = B;$ $\qquad\qquad B = \dfrac{n}{1}a^{n-1}$

c) $n(n-1)a^{n-2} = 2\cdot C;$ $\qquad C = \dfrac{n(n-1)}{1\cdot 2}a^{n-2}$

d) $n(n-1)(n-2)a^{n-3} = 2\cdot 3\cdot D;$ $\qquad D = \dfrac{n(n-1)(n-2)}{1\cdot 2\cdot 3}a^{n-3}$

. . . . . . . . . . . . . . . . . . . . . .

$n(n-1)(n-2)\ldots 3\cdot 2\cdot a$
$\quad = (n-1)(n-2)\ldots 2\cdot 1\cdot L;$ $\qquad L = \dfrac{n}{1}a$
$n(n-1)(n-2)\ldots 3\cdot 2\cdot 1$
$\quad = n(n-1)(n-2)\ldots 3\cdot 2\cdot 1\cdot M;$ $\qquad M = 1,$ $\qquad$ also

$$(a+x)^n = a^n + \frac{n}{1}a^{n-1}x + \frac{n(n-1)}{1\cdot 2}a^{n-2}x^2$$
$$+ \frac{n(n-1)(n-2)}{1\cdot 2\cdot 3}a^{n-3}x^3 + \cdots + \frac{n}{1}ax^{n-1} + x^n.$$

Es läßt sich leicht zeigen, daß die vorher für $(a+x)^2$ und $(a+x)^3$ angegebenen Ausdrücke Spezialfälle dieser allgemeinen Formel sind. Bei der Ableitung dieses Satzes war eine Funktion $y = f(x)$ gegeben. Es wurde zunächst ihr Differentialquotient $y' = f'(x)$ gebildet und dieser dann nochmals differentiiert. Das Ergebnis heißt der zweite Differentialquotient von $y$ und wird $y''$ oder $f''(x)$ oder $\frac{d^2f}{dx^2}$ geschrieben. Durch nochmalige Differentiation erhält man den dritten Differentialquotienten

$$y''' = y^{(3)} = f'''(x) = \frac{d^3y}{dx^3} \text{ usf.}$$

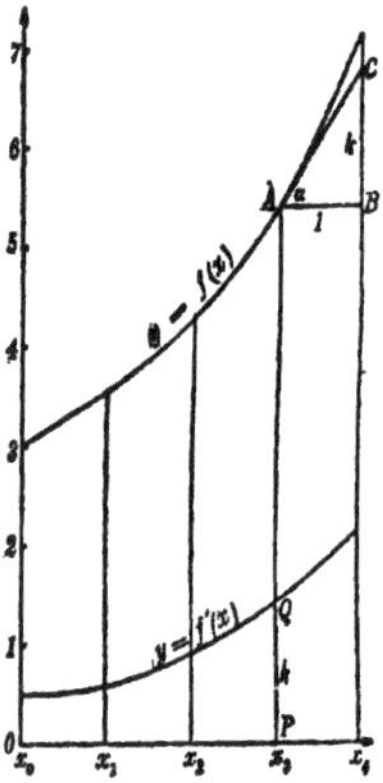

Will man den Wert des Differentialquotienten für alle Punkte einer gegebenen Kurve $y = f(x)$ darstellen, so zeichnet man zu der ursprünglichen die „Ableitungskurve". Man wählt auf der Abszissenachse eine Reihe von Punkten $(x_1, x_2, x_3, \ldots x_n)$ aus (am besten in gleichen Abständen), errichtet in ihnen auf der Achse Senkrechte, trägt auf diesen die berechneten Werte von $f'(x)$ ab und verbindet die Endpunkte durch eine Kurve. In Fig. 16 ist $QP$ unter Benutzung der Tangente $AC$ graphisch konstruiert $[f'(x) = \operatorname{tg}\alpha = \frac{CB}{AB} = k = PQ]$.

Fig. 16.

Aus der ersten Ableitungskurve $(y = f'(x))$ kann man die zweite $(y = f''(x))$ finden usf.

## Aufgaben.

29. Wie lautet die Gleichung einer Geraden, die der X-Achse parallel läuft und von ihr den Abstand $b$ hat?

30. Hat $y$ den konstanten Wert $b$, so ist $y' = 0$. (Beweis!)

Man differentiiere 31. $y = x^2$; 32. $y = 3x^2$; 33. $y = \frac{1}{12}x^2 + 3$; 34. $y = \frac{1}{12}x^2 + 3x$; 35. $y = x^2 + x + 1$.

36. Man stelle bei der Funktion $y = \pi x^2$ den Übergang des Differenzen- in den Differentialquotienten für einen beliebigen Wert von $x$, etwa $x = 2$, graphisch dar, indem man $\triangle x$ die Werte 1,0; 0,9;

### Höhere Differentialquotienten. Ableitungskurve. Aufgaben

0,8; ...0,1 beilegt. Ebenso berechne man für jedes $\triangle x$ den zugehörigen Sekantenwinkel und lege auch deren Werte in einer Kurve nieder.

**37.** Ein Würfel habe die Kantenlänge $x$ cm, dann ist sein Inhalt $y = x^3$ ccm. Man denke sich eine Ecke festgehalten und lasse jede der drei Kanten, die von ihr ausgehen, um $\triangle x$ cm wachsen (z. B. durch Erwärmung). Der Körper vergrößert sich dann um drei quadratische Platten, drei rechteckige Balken und einen kleinen, der festgehaltenen Ecke gegenüberliegenden Würfel. Man gebe die anschauliche Bedeutung von $\triangle y$ an und beweise, daß der Differenzenquotient mit abnehmendem $\triangle x$ immer mehr dem Werte $3x^2$ nahekommt.

**38.** Soll an die Kurve $y = x^3$ die Tangente in einem gegebenen Punkte gelegt werden, so trägt man, wenn $y$ positiv ist, entweder diese Ordinate zweimal auf der negativen $Y$-Achse ab und verbindet den Endpunkt mit dem Kurvenpunkt, oder man zerlegt die Abszisse $x$ in drei gleiche Teile und verbindet den passenden Teilpunkt mit dem Kurvenpunkt. (Beweis!)

**39.** Wie hat man bei dem eben beschriebenen Problem zu verfahren, wenn $y$ negativ ist?

**40.** Gelten die Konstruktionen 38 und 39 auch für $y = ax^3$, wenn $a$ eine positive oder negative Konstante ist?

**41.** Gelten sie auch für die allgemeine kubische Funktion $y = ax^3 + bx^2 + cx + e$?

Welches sind die Differentialquotienten der Funktionen

**42.** $y = \frac{1}{10}x^3 - 1$; **43.** $y = \frac{1}{4}x^3 + x - 5$; **44.** $y = -\frac{1}{6}x^3 + x^2$; **45.** $y = -x^3 + x^2 - 1$?

**46.** Welchen Wert haben sie für $x = 0, 1, 2, 3, 4$, welchen für $x = -1, -2, -3, -4$?

**47.** Man prüfe die Richtigkeit der eben erhaltenen Lösungen durch die Zeichnung und bilde selbständig ähnliche Aufgaben. Zu beachten ist auch das auf S. 15 geschilderte Annäherungsverfahren.

Die Funktionen **48.** $y = 0{,}01 x^4$; **49.** $y = 0{,}1 x^4 - 0{,}2 x^3$; **50.** $y = x^4 - 100 x$ usw. sind entsprechend zu behandeln.

Man beweise die Richtigkeit der Formeln

**51.** $(a + x)^4 = a^4 + 4a^3 x + 6a^2 x^2 + 4ax^3 + x^4$;
**52.** $(a + x)^5 = a^5 + 5a^4 x + 10 a^3 x^2 + 10 a^2 x^3 + 5 a x^4 + x^5$
einmal durch Ausmultiplizieren, dann durch wiederholte Differentiation

**53.** Wie lautet der erste, zweite ... sechste Differentialquotient von $y = x^4$?

**54.** Man löse dieselbe Aufgabe für die Funktionen der Aufgaben 2—12, 31—35, 42—45, 48—50, für $y = 2x^8 - \frac{1}{6}x^6 + \frac{1}{14}x^4$ und ähnliche.

**55.** Man zeichne für verschiedene der in 53 und 54 erwähnten Funktionen die Ableitungskurven. Wenn notwendig, sind die Ordinaten dabei zweckmäßig zu verkleinern.

### Drittes Kapitel.
## Allgemeine Differentiationsregeln.
## Differentiation schwierigerer Funktionen.
### Allgemeine Sätze.

**Satz 1.** Der Differentialquotient einer Summe wird gebildet, indem man die Differentialquotienten der Summanden addiert. Entsprechendes gilt von der Differentiation einer Differenz.

**Beweis:** Es sei $u = f(x)$, $v = \varphi(x)$, $y = u + v$. Dann ist, wenn man den Wert, den die Funktion $f$ für $x_1$ einnimmt, mit $u_1$, $\varphi(x_1)$ mit $v_1$ bezeichnet:

$$\frac{\Delta y}{\Delta x} = \frac{u_1 + v_1 - (u + v)}{x_1 - x} = \frac{u_1 - u}{x_1 - x} + \frac{v_1 - v}{x_1 - x} = \frac{\Delta u}{\Delta x} + \frac{\Delta v}{\Delta x},$$

also im Grenzfall $\quad \dfrac{dy}{dx} = \dfrac{du}{dx} + \dfrac{dv}{dx}.$

Für $y = u - v$ ist der Beweis ganz analog, $y'$ ist $u' - v'$. Geometrisch erhält man $y = u + v$, indem man die Kurven $y = u = f(x)$ und $y = v = \varphi(x)$ zeichnet und die zu einem bestimmten Wert $x$ gehörenden Ordinaten addiert. Dann wird auch der Zuwachs der Ordinate beim Übergang von $x$ zu $x_1$, $\Delta y = \Delta u + \Delta v$.

**Beispiel 1.** $y = 3x^5 + 4x^2$ soll nach Satz 1 differentiiert werden. Lösung: $u = 3x^5$; $u' = 15x^4$; $v = 4x^2$; $v' = 8x$; $y' = u' + v' = 15x^4 + 8x$.

**Beispiel 2.** $y = 10x - 0{,}4x^5$; $u = 10x$; $u' = 10$; $v = 0{,}4x^5$; $v' = 2x^4$; $y' = u' - v' = 10 - 2x^4$.

**Satz 2.** Ist $y = cf(x)$, so ist $y' = cf'(x)$. ($c$ sei ein konstanter Faktor.)
**Beweis:**

$$\frac{\Delta y}{\Delta x} = \frac{cf(x_1) - cf(x)}{x_1 - x} = \frac{c[f(x_1) - f(x)]}{x_1 - x} = \frac{c\,\Delta f(x)}{\Delta x},$$

somit $\quad \dfrac{dy}{dx} = c\,\dfrac{df(x)}{dx}.$

Der geometrische Nachweis ist auch hier einfach.

Differentiation von Summen, Differenzen, Produkten und Quotienten 23

**Satz 3.** Ist $y = f(x) \cdot \varphi(x)$, so ist $y' = f' \cdot \varphi + \varphi' \cdot f$.

Beweis: $\dfrac{\Delta y}{\Delta x} = \dfrac{f(x_1) \cdot \varphi(x_1) - f(x) \cdot \varphi(x)}{x_1 - x}$.

Man kann die Differenz $-f(x) \cdot \varphi(x_1) + f(x) \cdot \varphi(x_1)$ ohne Fehler einschalten, da sie gleich Null ist

$$\frac{\Delta y}{\Delta x} = \frac{f(x_1) \cdot \varphi(x_1) - f(x) \cdot \varphi(x_1) + f(x) \cdot \varphi(x_1) - f(x) \cdot \varphi(x)}{x_1 - x}$$

$$\frac{\Delta y}{\Delta x} = \frac{\varphi(x_1)[f(x_1) - f(x)]}{x_1 - x} + \frac{f(x)[\varphi(x_1) - \varphi(x)]}{x_1 - x}$$

$$\frac{\Delta y}{\Delta x} = \frac{\Delta f}{\Delta x} \cdot \varphi(x_1) + \frac{\Delta \varphi}{\Delta x} \cdot f(x); \text{ für } x = x_1 \text{ ist}$$

$$\frac{dy}{dx} = \frac{df}{dx} \varphi + \frac{d\varphi}{dx} f = f' \varphi + \varphi' f.$$

**Beispiel 3.** $y = (x^2 + 5x)(3 - 2x^3)$; $u = x^2 + 5x$; $u' = 2x + 5$, $v = 3 - 2x^3$; $v' = -6x^2$; $y' = u'v + v'u = (2x + 5)(3 - 2x^3) + (-6x^2)(x^2 + 5x)$ oder ausmultipliziert und zusammengefaßt $y' = -10x^4 - 40x^3 + 6x + 15$. Dasselbe Ergebnis erhält man natürlich, wenn man zuerst vereinfacht und dann differentiiert.

**Satz 4.** Ist $y = \dfrac{f(x)}{\varphi(x)}$, so ist $y' = \dfrac{f' \varphi - \varphi' f}{\varphi^2}$.

Beweis:
$$\frac{\Delta y}{\Delta x} = \frac{\dfrac{f(x_1)}{\varphi(x_1)} - \dfrac{f(x)}{\varphi(x)}}{x_1 - x} = \frac{f(x_1) \cdot \varphi(x) - \varphi(x_1) \cdot f(x)}{\varphi(x) \cdot \varphi(x_1) \cdot (x_1 - x)}.$$

Wir schalten hier $-f(x)\varphi(x) + f(x)\varphi(x)$ ein

$$\frac{\Delta y}{\Delta x} = \frac{f(x_1)\varphi(x) - f(x)\varphi(x) + f(x)\varphi(x) - \varphi(x_1)f(x)}{\varphi(x) \cdot \varphi(x_1)(x_1 - x)}$$

$$\frac{\Delta y}{\Delta x} = \frac{\varphi(x)[f(x_1) - f(x)] - f(x)[\varphi(x_1) - \varphi(x)]}{\varphi(x) \cdot \varphi(x_1)(x_1 - x)}.$$

Man kann Zähler und Nenner durch $x_1 - x = \triangle x$ dividieren

$$\frac{\Delta y}{\Delta x} = \frac{\varphi(x)\dfrac{\Delta f}{\Delta x} - f(x)\dfrac{\Delta \varphi}{\Delta x}}{\varphi(x) \cdot \varphi(x_1)}.$$

Im Grenzfall hat man
$$\frac{dy}{dx} = y' = \frac{f' \cdot \varphi - \varphi' \cdot f}{\varphi^2} = \frac{u'v - v'u}{v^2}.$$

**Beispiel 4.**
$$y = \frac{x^2 + 2x + 1}{x - 5} = \frac{u}{v}; \quad u' = 2x + 2; \quad v' = 1;$$
$$y' = \frac{u'v - v'u}{v^2} = \frac{(2x + 2)(x - 5) - 1(x^2 + 2x + 1)}{(x - 5)^2} = \frac{x^2 - 10x - 11}{(x - 5)^2}.$$

**Satz 5 über Funktionen von Funktionen.** Es kann vorkommen, daß $y$ nicht direkt als Funktion von $x$ gegeben ist, sondern von einer Größe $z = \varphi(x)$ abhängt, die ihrerseits eine Funktion von $x$ ist. Man hat dann, wenn die Werte $x, y, z; x_1, y_1, z_1$ zusammengehören,

$$y = f(z) = f(\varphi(x)); \quad y_1 = f(z_1) = f(\varphi(x_1))$$

$$\frac{\Delta y}{\Delta z} = \frac{f(z_1) - f(z)}{z_1 - z}$$

$$\frac{\Delta z}{\Delta x} = \frac{z_1 - z}{x_1 - x} = \frac{\varphi(x_1) - \varphi(x)}{x_1 - x},$$

also
$$\frac{\Delta y}{\Delta x} = \frac{\Delta y}{\Delta z} \cdot \frac{\Delta z}{\Delta x} = \frac{f(z_1) - f(z)}{z_1 - z} \cdot \frac{\varphi(x_1) - \varphi(x)}{x_1 - x}$$

$$\frac{dy}{dx} = \frac{dy}{dz} \cdot \frac{dz}{dx} = f'(z) \cdot \varphi'(x). \quad \text{(Kettenregel!)}$$

**Beispiel 5.**
$$y = (2x - 1)^3 = z^3$$
$$\frac{dy}{dz} = 3z^2 = 3(2x-1)^2; \quad \frac{dz}{dx} = 2; \quad \frac{dy}{dx} = 6(2x-1)^2.$$

**Satz 6 über implizite Funktionen.** Ist der Zusammenhang zwischen $x$ und $y$ durch die Beziehung $\varphi(x, y) = 0$ festgelegt (z. B. $x^2 + y - 4 = 0$), so kann man aus dieser Gleichung in vielen Fällen $y$ durch $x$ ausdrücken, also den Zusammenhang in der bisher gebräuchlichen Weise
$$y = f(x)$$
angeben. (In unserem Fall ist $y = 4 - x^2$.)

Während $y$ ursprünglich „**implizite**" als Funktion von $x$ gegeben war, hat man es jetzt „**explizite**" als Funktion von $x$ dargestellt. Aber zur Bildung des Differentialquotienten ist diese Umrechnung nicht notwendig. Aus $\varphi(x, y) = 0$ folgt, wenn $x_1$ und $y_1$ zusammengehören,
$$\varphi(x_1, y_1) = 0 \quad \text{und} \quad \varphi(x_1, y_1) - \varphi(x, y) = 0,$$
$$\frac{\varphi(x_1, y_1) - \varphi(x, y)}{x_1 - x} = 0.$$

Hier schaltet man die Größe $\varphi(x, y_1) - \varphi(x, y_1)$ ein, die selbstverständlich $= 0$ ist, also nichts ändert

$$\frac{\varphi(x_1, y_1) - \varphi(x, y_1) + \varphi(x, y_1) - \varphi(x, y)}{x_1 - x} = 0$$

$$\frac{\varphi(x_1, y_1) - \varphi(x, y_1)}{x_1 - x} + \frac{\varphi(x, y_1) - \varphi(x, y)}{x_1 - x} = 0$$

$$\frac{\varphi(x_1, y_1) - \varphi(x, y_1)}{x_1 - x} + \frac{\varphi(x, y_1) - \varphi(x, y)}{y_1 - y} \cdot \frac{y_1 - y}{x_1 - x} = 0.$$

Geht man jetzt zur Grenze über, so wird wie bisher $\frac{y_1 - y}{x_1 - x} = \frac{\Delta y}{\Delta x}$

Funktionen von Funktionen. Implizite Funktionen. Part.Differentialquot. 25

zu $\frac{dy}{dx}$. Während im allgemeinen $x$ und $y$ variieren, ist der Ausdruck $\frac{\varphi(x_1, y_1) - \varphi(x, y_1)}{x_1 - x}$ so gebildet, daß der Wert von $y$, nämlich $y_1$, konstant bleibt und nur $x$ sich ändert. So ist die Bezeichnung „partieller Differenzenquotient" und im Grenzfall „partieller Differentialquotient" einleuchtend. Zum Unterschiede von den bisher abgeleiteten „totalen" Differentialquotienten $\frac{dy}{dx}$ verwendet man für die partielle Differentiation das runde $\partial$. So wird

$$\frac{\partial \varphi}{\partial x} + \frac{\partial \varphi}{\partial y} \frac{dy}{dx} = 0 \quad \text{und} \quad \frac{dy}{dx} = - \frac{\frac{\partial \varphi}{\partial x}}{\frac{\partial \varphi}{\partial y}}.$$

**Beispiel 6.** Es sei $\varphi = \frac{x}{a} + \frac{y}{b} - 1 = 0$

$$\frac{\partial \varphi}{\partial x} = \frac{1}{a}, \quad \frac{\partial \varphi}{\partial y} = \frac{1}{b}, \quad \frac{dy}{dx} = -\frac{\frac{1}{a}}{\frac{1}{b}} = -\frac{b}{a}.$$

Aus der Gleichung folgt
$$bx + ay = ab,$$
$$y = b - \frac{bx}{a} \quad \text{(Explizite Darstellung)}$$

und hieraus
$$\frac{dy}{dx} = -\frac{b}{a},$$

was das frühere Resultat bestätigt.

Da die gegebene Gleichung linear ist, so stellt sie eine Gerade dar. Für $x = 0$ wird $y = b$, für $x = a$ wird $y = 0$, also sind die Abschnitte auf den Achsen $a$ und $b$, und wenn $\alpha$ der Neigungswinkel gegen die X-Achse ist, so hat man
$$\operatorname{tg}(180^\circ - \alpha) = -\operatorname{tg}\alpha = \frac{b}{a}; \quad \operatorname{tg}\alpha = -\frac{b}{a}.$$

**Beispiel 7.**
$$\varphi = \frac{x^2}{a^2} + \frac{y^2}{b^2} - 1 = 0; \quad \frac{\partial \varphi}{\partial x} = \frac{2x}{a^2}, \quad \frac{\partial \varphi}{\partial y} = \frac{2y}{b^2}; \quad \frac{dy}{dx} = -\frac{b^2 x}{a^2 y}.$$

**Beispiel 8.** Man differentiiere $y = ax^{-n}$. Lösung: In $y = ax^{-n}$ ist der negative Exponent[1]) an und für sich sinnlos, da $x$ nicht $-n$ mal als Faktor gesetzt werden kann; will man auch diesem Ausdruck eine Bedeutung beilegen, so wird man zweckmäßig handeln, wenn man sie mit den Gesetzen der Potenzen mit ganzzahligen Exponenten in Einklang bringt. (Permanenzprinzip!) Da bekanntlich $a^p \cdot a^q = a^{p+q}$ ist[2]), so folgt, daß man $a^{-n} = \frac{1}{a^n}$ setzen muß, denn durch Multiplikation mit $a^{n+1}$ ergibt sich

---

1) Cranz, Algebra I (ANuG Bd. 120, § 81).    2) Cranz, a. a. O., § 13.

## III. Allgemeine Differentiationsregeln usw.

$$a^{-n} \cdot a^{n+1} = a^{-n+n+1} = a^1 = a = \frac{1}{a^n} \cdot a^{n+1} = \frac{a^{n+1}}{a^n} = a.$$

Soll $y = ax^{-n}$ ($n$ positiv ganzzahlig) differentiiert werden, so beachte man
$$y = \frac{a}{x^n}, \quad yx^n = a, \quad \varphi = yx^n - a = 0.$$

$$\frac{\partial \varphi}{\partial x} = nyx^{n-1}; \quad \frac{\partial \varphi}{\partial y} = x^n; \quad \frac{dy}{dx} = -\frac{nyx^{n-1}}{x^n} = -\frac{ny}{x} = -nax^{-n-1}.$$

Die auf S. 18 für positive ganzzahlige Exponenten abgeleitete Regel gilt also auch, wenn der Exponent negativ ganzzahlig ist.

**Beispiel 9.** Die vorigen Betrachtungen sollen auf $y = ax^{\frac{p}{q}}$ angewandt werden.[1]) Lösung: Es ist $x^{\frac{p}{q}} = \sqrt[q]{x^p}$, denn mit Benutzung des Satzes $(x^m)^n = x^{mn}$ folgt, wenn man beide Seiten mit $q$ potenziert,
$$\left(x^{\frac{p}{q}}\right)^q = x^{\frac{p}{q} \cdot q} = x^p = \left(\sqrt[q]{x^p}\right)^q = x^p.$$

Somit ist
$$\left(\frac{y}{a}\right)^q = x^p$$

$$\varphi = \frac{y^q}{a^q} - x^p = 0; \quad \frac{\partial \varphi}{\partial x} = -px^{p-1}; \quad \frac{\partial \varphi}{\partial y} = \frac{qy^{q-1}}{a^q};$$
$$\frac{dy}{dx} = +\frac{px^{p-1}}{q\frac{y^{q-1}}{a^q}}$$

$$\frac{dy}{dx} = \frac{p}{q} \cdot \frac{x^{p-1} \cdot y \cdot a^q}{y^q} = \frac{p}{q} \cdot \frac{x^{p-1} \cdot ax^{\frac{p}{q}} \cdot a^q}{a^q x^p} = \frac{p}{q} ax^{\frac{p}{q}-1}.$$

Die oben erwähnte Regel darf man daher auch bei **gebrochenen positiven Exponenten** anwenden. Man weise die Gültigkeit nach, wenn $n = -\frac{p}{q}$ ist.

**Satz 7 über inverse Funktionen.** Ist $y = f(x)$, so gehört im allgemeinen zu jedem Wert von $x$ ein Wert von $y$ und auch umgekehrt zu einem Wert $y$ ein passender Wert $x$, d. h. $x$ ist die inverse Funktion von $y$; es ist $x = \varphi(y)$ (vgl. S. 7). $x, y$ und $x_1, y_1$ seien zusammengehörige Wertepaare.
$$\frac{y_1 - y}{x_1 - x} = \frac{1}{\left(\frac{x_1 - x}{y_1 - y}\right)}.$$

---

[1]) Cranz, Algebra I (ANuG Bd. 120, § 35).

Betrachtet man links $y$ als Funktion $f$ von $x$, rechts $x$ als Funktion $\varphi$ von $y$, so folgt

$$\frac{\Delta f}{\Delta x} = \frac{1}{\frac{\Delta \varphi}{\Delta y}},$$

$$\frac{df}{dx} = \frac{1}{\left(\frac{d\varphi}{dy}\right)}.$$

**Beispiel 10.**

$$y = \sqrt[3]{x}; \quad x = y^3 (= \varphi(y))$$

$$\frac{dx}{dy} = \frac{d\varphi}{dy} = 3y^2 = 3\sqrt[3]{x^2}$$

$$\frac{dy}{dx} = \frac{df}{dx} = \frac{1}{\left(\frac{d\varphi}{dy}\right)} = \frac{1}{3\sqrt[3]{x^2}} = \frac{1}{3} x^{-\frac{2}{3}}. \quad \text{(Vgl. Beispiel 9.)}$$

## Aufgaben.

### A. Differentiation von Summen, Differenzen, Produkten und Quotienten.

**56.** Es soll der Differentialquotient von $y = u - v$ abgeleitet werden.

**57.** $y = af(x) + b\varphi(x)$ soll differentiiert werden, wenn $a$ und $b$ konstante Zahlen sind.

**58.** $u$, $v$ und $w$ seien Funktionen von $x$; es sei $y = uvw$. Wie groß ist $y'$?

Man bilde die Ableitungen von **59.** $2(x^2+1)$; **60.** $5(x-1)(x+1)$; **61.** $\frac{1}{3}(x^2+x+1)(x-1)$; **62.** $(x^3-2x)(x-1)(x-5)$ und ähnlichen Ausdrücken einmal nach den Regeln des Kap. III, bann, indem man zunächst die Klammern auflöst und vereinfacht.

**63.** Man weise nach, daß Satz 2 in Kap. III ein Spezialfall des folgenden Satzes ist.

Man differentiiere **64.** $y = \frac{x}{x+1}$; **65.** $y = \frac{x+a}{x+b}$; **66.** $y = \frac{x^2+2x+3}{x^2-x-1}$; **67.** $y = \frac{x^2+ax+b}{x^2+gx+h}$.

Die vorhergehenden Lösungen können aus Aufgabe 67 durch geeignete Spezialisierung leicht gefunden werden. Man bilde selbständig Beispiele mit Funktionen höheren Grades.

## B. Funktionen von Funktionen, implizite Funktionen, Potenzen mit beliebigen Exponenten.

**68.** $y = (x+1)^5$. **69.** $y = (x^2 + 2x + 1)^3$. **70.** $y = (x^3 + 3x^2 + 3x + 1)^2$. **71.** $y = (a + bx + cx^2)^n$. **72.** Es sei $xy - a^2 = 0$, wie groß ist $y'$? Es mögen die Funktionen **73.** $y = \dfrac{a}{x^2}$, **74.** $y = bx^{-3}$, **75.** $y = cx^{-7}$ und ähnliche differentiiert werden. **76.** $y = \sqrt{x}$. **77.** $y = \sqrt[3]{x}$. **78.** $y = \sqrt[3]{x^4}$. **79.** $y = \dfrac{1}{\sqrt{x}}$. **80.** $y = \dfrac{1}{\sqrt{x^3}}$. **81.** $y = \dfrac{x}{\sqrt[3]{x^5}}$. **82.** $y = \sqrt{x^2 - 1}$. **83.** $y = \sqrt{\dfrac{x+1}{x-1}}$. **84.** $y = \sqrt[3]{a + bx + cx^2}$

Man löse jede Aufgabe möglichst nach verschiedenen Methoden.

## Die trigonometrischen und zyklometrischen Funktionen.

Der Winkel wird in der höheren Mathematik stets im Bogenmaß angegeben. Man konstruiert um den Scheitelpunkt einen Kreis mit

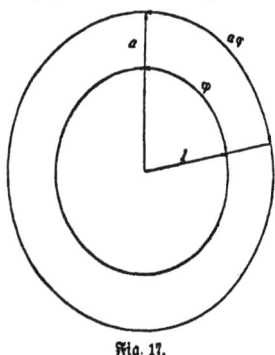

Fig. 17.

dem Radius 1 (beim Gradmaß ist er beliebig). Die Länge des zwischen den Schenkeln liegenden Bogens, in derselben Einheit gemessen, gibt die Größe des gegebenen Winkels im Bogenmaß an (Fig. 17). Die Winkelgeschwindigkeit einer rotierenden Scheibe ist bekanntlich der Weg, den einer ihrer Punkte, der vom Mittelpunkt 1 m entfernt ist, in einer Sekunde zurücklegt. Sie gibt also den in einer Sekunde von einem Radius überstrichenen Winkel im Bogenmaß an. Der Winkel, der

im Gradmaß 360° beträgt, wird im Bogenmaß durch den Umfang des Einheitskreises gemessen, mithin gelten die Beziehungen

| Gradmaß | Bogenmaß |
|---|---|
| 360° | $2\pi$ |
| 1° | $\dfrac{\pi}{180} = 0{,}01745$ |
| $\dfrac{180°}{\pi} = 57{,}296° = 57°18'$ | 1 |

Bogenmaß. Sinuslinie         29

z. B. ist der Winkel $43°16'$ im Bogenmaß $43\frac{16}{60} \cdot 0{,}01745 =$
$= 43{,}27 \cdot 0{,}01745 = 0{,}7551$. Ferner ist $30° = \frac{\pi}{6}$, $45° = \frac{\pi}{4}$,
$60° = \frac{\pi}{3}$, $90° = \frac{\pi}{2}$, $180° = \pi$.

Der im Bogenmaß gegebene Winkel $\alpha = 0{,}42$ ist im Gradmaß $0{,}42 \cdot 57{,}296 = 24{,}064°$; $0{,}064° = 60 \cdot 0{,}064' = 3{,}84'$. Man hat also, auf Minuten genau,
$$\alpha = 24°4'.$$

Wählt man den Radius eines Kreises $= a$ (statt 1), dann wird auch der Kreisbogen, welcher von den Schenkeln des Winkels $\varphi$ (Bogenmaß) eingeschlossen wird, $a$ mal so groß, also
$$B = a\varphi.$$
Der zugehörige Kreisausschnitt ist (Bogen · Radius : 2)
$$A = \frac{a^2 \varphi}{2}.$$

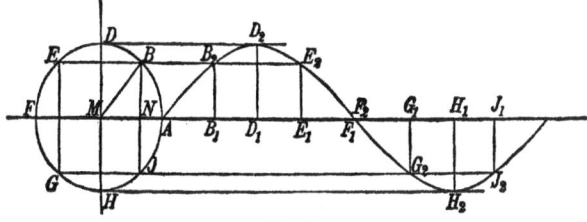

Fig. 18.

1. Es soll jetzt die Funktion $y = \sin x$ differentiiert werden. Dazu stellt man sie zunächst graphisch dar, indem man den Radius $MA$ des Einheitskreises verlängert und ihn als X-Achse betrachtet. Da auf dieser die Werte der Winkel, die im Bogenmaß gegeben sind, abgelesen werden sollen, so wickelt man den Umfang des Kreises auf ihr ab, indem man $AB_1 = $ Bogen $AB$, $AD_1 = \widehat{AD}$ macht usf. Sodann fällt man von $B$, $D$ usw. Lote auf die Abszissenachse und überträgt sie unter Berücksichtigung ihres Vorzeichens auf die vorher gefundenen entsprechenden Punkte. So entstehen die Geraden $B_1B_2$, $D_1D_2$ usw. Die Linie $AB_2D_2 \ldots$ ist die in der Elektrotechnik wichtige Sinuslinie (Fig. 18). Ihre Gleichung ist $y = \sin x$. z. B. ist in dem rechtwinkligen Dreieck $BMN$ der Winkel $M = x$; $\frac{BN}{BM} = \sin x$; $BM = 1$, also $BN = \sin x$.

Ersetzt man $x = \widehat{AB}$ durch $AB_1$ und $BN$ durch $B_1B_2$, was nach Konstruktion gestattet ist, so folgt
$$B_1B_2 = \sin AB_1,$$
was zu beweisen war.

Es sei jetzt in Fig. 19, die einen Teil von Fig. 18 vergrößert darstellt,
$$AC_1 = x_1, \text{ also}$$
$$B_1C_1 = x_1 - x = \triangle x.$$
Ferner ist $C_2L = C_2C_1 - B_2B_1 = y_1 - y = \triangle y$
mithin
$$\frac{\triangle y}{\triangle x} = \frac{C_2L}{B_2L}.$$

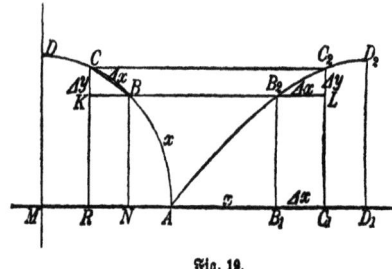

Fig. 19.

Aus $AB_1 = \widehat{AB}$ und $AC_1 = \widehat{AC}$ folgt $AC_1 - AB_1 = \triangle x = \widehat{BC}$, $\triangle y$ ist nach Konstruktion $= CK$,
also
$$\frac{\triangle y}{\triangle x} = \frac{CK}{\widehat{CB}}.$$

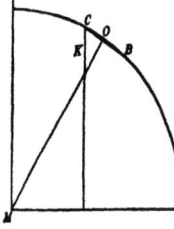

Begnügt man sich mit einem Anschaulichkeitsbeweis, so kann man sagen, daß, wenn $\triangle x$ kleiner wird, der Bogen $\widehat{CB}$ mit immer größerer Genauigkeit durch die Sehne $CB$ ersetzt werden kann.

$$\frac{\triangle y}{\triangle x} \approx^{1)} \frac{CK}{CB} = \cos KCB.$$

Fig. 20.

Die Mitte von $CB$ sei $O$ (Fig. 20), sie werde mit $M$ verbunden, dann ist $\measuredangle KCB = OMA$, weil die Schenkel paarweise aufeinander senkrecht stehen und durch eine Drehung um $90°$ in parallele und gleichgerichtete Lagen kommen.

$$\frac{\triangle y}{\triangle x} \approx \cos OMA = \cos (AMB + BMO) = \cos (x + \tfrac{1}{2} \triangle x).$$

Im Grenzfall wird $\triangle x$ unendlich klein,
$$OMA = x \text{ und } \frac{dy}{dx} = \cos x.$$

Zu einer strengeren Ableitung braucht man den **Hilfssatz: Je kleiner der im Bogenmaß angegebene Winkel $\alpha$ ist, um so mehr nähert sich der Wert $\frac{\sin \alpha}{\alpha}$ der Einheit. (Fig. 21.)**

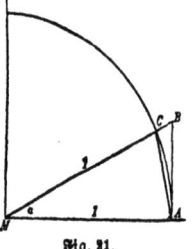

---

1) $\approx$ ist das Abkürzungszeichen für „nahezu".

Fig. 21.

**Beweis:** $MA$ sei der Radius des Einheitskreises, $\angle CMA = \alpha$, $BA$ die in $A$ an den Kreis gelegte Tangente. Dann ist das Dreieck $CMA$ kleiner als der Kreisausschnitt $CMA$ und dieser kleiner als das Dreieck $BMA$. Dreieck[1]) $CMA = \frac{1}{2} CM \cdot MA \cdot \sin \alpha = \frac{1}{2} \sin \alpha$. Kreisausschnitt $CMA = \frac{MA \cdot MA \cdot \alpha}{2}$ (S. 29) $= \frac{\alpha}{2}$, Dreieck $BMA =$
$= \frac{1}{2} BM \cdot MA \cdot \sin \alpha = \frac{1}{2} \cdot \frac{1}{\cos \alpha} \cdot 1 \cdot \sin \alpha = \frac{1}{2} \frac{\sin \alpha}{\cos \alpha}$. Daher ist[2])
$\frac{1}{2} \sin \alpha < \frac{1}{2} \alpha < \frac{1}{2} \frac{\sin \alpha}{\cos \alpha}$. Dividiert man alle drei Größen durch die gleiche positive Zahl $\frac{1}{2} \sin \alpha$, so wird ihr relatives Größenverhältnis nicht geändert.
$$1 < \frac{\alpha}{\sin \alpha} < \frac{1}{\cos \alpha}.$$

Je kleiner $\alpha$ wird, um so größer wird $\cos \alpha$, um für $\alpha = 0$ schließlich den Wert 1 anzunehmen. Die obere Grenze für $\frac{\alpha}{\sin \alpha}$, nämlich $\frac{1}{\cos \alpha}$, wird in diesem Falle gleich 1, und da die untere dauernd 1 bleibt, so besteht für den zwischen beiden liegenden Grenzwert von $\frac{\alpha}{\sin \alpha}$ keine andere Möglichkeit, als auch 1 zu werden. Ebenso strebt natürlich sein reziproker Wert, $\frac{\sin \alpha}{\alpha}$, jetzt der Einheit zu.

Setzen wir nun $y = \sin x$, so ist
$$\frac{\Delta y}{\Delta x} = \frac{y_1 - y}{x_1 - x} = \frac{\sin x_1 - \sin x}{x_1 - x} = \frac{2 \sin \left(\frac{x_1 - x}{2}\right) \cos \left(\frac{x_1 + x}{2}\right)}{2 \left(\frac{x_1 - x}{2}\right)} \text{\:}^{3})$$
$$\frac{\Delta y}{\Delta x} = \frac{\sin \left(\frac{x_1 - x}{2}\right)}{\left(\frac{x_1 - x}{2}\right)} \cos \left(\frac{x_1 + x}{2}\right).$$

Im Grenzfalle wird $x_1 - x$, also erst recht $\frac{x_1 - x}{2}$, sehr klein, und der erste Faktor nimmt den eben ermittelten Grenzwert 1 an. $\frac{x_1 + x}{2}$ wird schließlich gleich $x$,
also
$$\frac{dy}{dx} = \cos x.$$

2. Die Ableitung von $y = \cos x$ läßt sich ganz entsprechend durchführen, was zur Einprägung des obigen Gedankenganges sehr emp-

---

[1]) Crantz, Trigonometrie (AMuG Bd. 431 § 15c).
[2]) Man vergleiche in technischen Kalendern die Werte des Sinus, Bogens und Tangens, die zu einem Zentriwinkel im Einheitskreise gehören.
[3]) Crantz, Trigonometrie (AMuG Bd. 431 § 26).

**32**  **III. Allgemeine Differentiationsregeln usw.**

fehlenswert ist. Schneller kommt man zum Ziel, wenn man sich an die trigonometrische Formel[1])
$$\cos x = \sin(90^\circ - x)$$
oder bei Benutzung des Bogenmaßes
$$\cos x = \sin\left(\frac{\pi}{2} - x\right)$$
erinnert. Es sei $\frac{\pi}{2} - x = z$, daher $y = \sin z$, dann hat man nach Satz 5 auf S. 24
$$\frac{dy}{dz} = \cos z = \cos\left(\frac{\pi}{2} - x\right) = \sin x$$
$$\frac{dz}{dx} = -1$$
$$\frac{dy}{dx} = -\sin x.$$

3. $y = \operatorname{tg} x$ differentiiert man am bequemsten mit Benutzung der Formel[1]) $\operatorname{tg} x = \dfrac{\sin x}{\cos x}$ (vgl. Satz 4 auf S. 23)

$$y = \frac{f(x)}{\varphi(x)}; \quad \begin{matrix} f(x) = \sin x; & \varphi(x) = \cos x; \\ f'(x) = \cos x; & \varphi'(x) = -\sin x \end{matrix}$$
$$y' = \frac{\cos x \cdot \cos x - (-\sin x)\cdot \sin x}{\cos^2 x}$$

Aus der Trigonometrie ist bekannt, daß der im Zähler auftretende Ausdruck $\cos^2 x + \sin^2 x$ stets den Wert 1 hat, daher ist
$$y' = \frac{1}{\cos^2 x}.$$

4.  $\quad y = \operatorname{ctg} x = \dfrac{\cos x}{\sin x}$
$$y' = \frac{(-\sin x)\cdot \sin x - \cos x \cdot \cos x}{\sin^2 x} = -\frac{1}{\sin^2 x}.$$

5. $y = \arcsin x$ [arcus sinus] ist die inverse Funktion zu $x = \sin y$. Die zugehörige Kurve findet man, wenn man bei der Sinuslinie $y = \sin x$ die Koordinaten vertauscht, d. h. die Figur um die Symmetrielinie der positiven $x$- und $y$-Achse dreht. Die Zeichnung lehrt, daß dann $x$ in $y$, $y$ in $x$ übergeführt wird.
$$\frac{dy}{dx} = 1 : \left(\frac{dx}{dy}\right) \quad \text{(vgl. S. 7, Satz 26 f.)}$$
$$\frac{dx}{dy} = \cos y = \sqrt{1 - \sin^2 y} = \sqrt{1 - x^2},$$
also
$$\frac{dy}{dx} = \frac{1}{\sqrt{1-x^2}}.$$

---
1) Cranz, Trigonometrie (AnuG Bd. 431 § 7).

6. $y = \operatorname{arc\,cos} x$ ist die inverse Funktion zu $x = \cos y$
$$\frac{dx}{dy} = -\sin y = -\sqrt{1-\cos^2 y} = -\sqrt{1-x^2}$$
$$\frac{dy}{dx} = -\frac{1}{\sqrt{1-x^2}}.$$

7. $y = \operatorname{arc\,tg} x$, $x = \operatorname{tg} y$, $\dfrac{dx}{dy} = \dfrac{1}{\cos^2 y}$
$$= \frac{\cos^2 y + \sin^2 y}{\cos^2 y} = 1 + \frac{\sin^2 y}{\cos^2 y} = 1 + \operatorname{tg}^2 y = 1 + x^2$$
$$\frac{dy}{dx} = \frac{1}{1+x^2}.$$

8. $y = \operatorname{arc\,ctg} x$, $x = \operatorname{ctg} y$, $\dfrac{dx}{dy} = -\dfrac{1}{\sin^2 y} = -\dfrac{\sin^2 y + \cos^2 y}{\sin^2 y}$
$$= -(1 + \operatorname{ctg}^2 y) = -(1 + x^2)$$
$$\frac{dy}{dx} = -\frac{1}{1+x^2}.$$

Die zyklometrischen Funktionen (Nr. 5 bis 8) sind vor allem bei der Integralrechnung wichtig.

## Aufgaben.

**85.** Welcher Bruchteil vom Radius muß auf der Peripherie eines Kreises abgetragen werden, damit der zugehörige Zentriwinkel den Wert a) $1°$; b) $1'$; c) $1''$ hat?

**86.** In der Funktion $y = \sin x$ sei $x$ der spezielle Wert 0,3 beigelegt. Es soll der Übergang des Differenzen- in den Differentialquotienten nach dem früher entwickelten Verfahren (vgl. S. 15) graphisch dargestellt werden, wenn $\triangle x = 1,0$; $0,8$; $0,6$; $0,4$; $0,2$ ist.

**87.** Man löse dieselbe Aufgabe, indem man $\triangle x = 0,10$; $0,09$; $0,08 \ldots 0,01$ nimmt.

**88.** Es soll eine entsprechende Darstellung für die Ableitungen der andern Funktionen gegeben werden, etwa für $\cos 0,52$; $\operatorname{tg} \dfrac{\pi}{4}$; $\operatorname{ctg} 4,6$.

Man differentiiere:

**89.** $y = \sin(nx)$. **90.** $y = \cos(nx)$. **91.** $y = \operatorname{tg}(nx)$.

**92.** $y = \operatorname{ctg}(nx)$. **93.** $y = a \sin(mx) + b \cos(nx)$.

**94.** $y = a \sin(ct+b)$. **95.** $y = \sin^2 x$ **96.** $y = \cos^2 x$.

**97.** $y = \sin^2 x + \cos^2 x$. **98.** $y = \operatorname{arc\,sin}\left(\dfrac{x}{a}\right)$. **99.** $y = \operatorname{arc\,cos}\left(\dfrac{x}{a}\right)$

**100.** $y = \operatorname{arc\,tg}\left(\dfrac{x}{a}\right)$. **101.** $y = \operatorname{arc\,ctg}\left(\dfrac{x}{a}\right)$.

**102.** Man zeichne die Kurve $y = \text{arc sin } x$ und versuche, den Winkel $\alpha$, den eine beliebige Tangente mit der $x$-Achse bildet, geometrisch zu konstruieren.

### Der Logarithmus und die Exponentialfunktion.

Es darf als bekannt vorausgesetzt werden[1]), daß der Logarithmus einer Zahl $a$ zur Basis $b$ derjenige Exponent ist, mit dem $b$ potenziert werden muß, damit man die gegebene Zahl erhält. Ist $y = {}^b\lg a$, so folgt nach dieser Definition $b^y = a$. Die wichtigsten Sätze über Logarithmen sind

(1) $\quad {}^b\lg(uv) = {}^b\lg u + {}^b\lg v,$

(2) $\quad {}^b\lg\left(\dfrac{u}{v}\right) = {}^b\lg u - {}^b\lg v,$

(3) $\quad {}^b\lg(u^n) = n\,{}^b\lg u,$

(4) $\quad {}^b\lg\left(\sqrt[n]{u}\right) = \dfrac{1}{n}\,{}^b\lg u.$

Ist $b$ größer als 1, und dies ist bei den gebräuchlichen Logarithmensystemen der Fall, so gilt

(5) ${}^b\lg 0 = -\infty$, denn $b^{-\infty} = \dfrac{1}{b^\infty}$

bedeutet einen Bruch, dessen Nenner beliebig groß, dessen Wert also beliebig klein und im Grenzfall 0 wird;

(6) $\quad {}^b\lg 1 = 0,\quad$ denn $b^0 = 1,$

(7) $\quad {}^b\lg b = 1,\quad$ denn $b^1 = b,$

(8) $\quad {}^b\lg b^2 = 2,\quad$ denn $b^2 = b^2,$

(9) $\quad {}^b\lg b^n = n,\quad$ denn $b^n = b^n.$

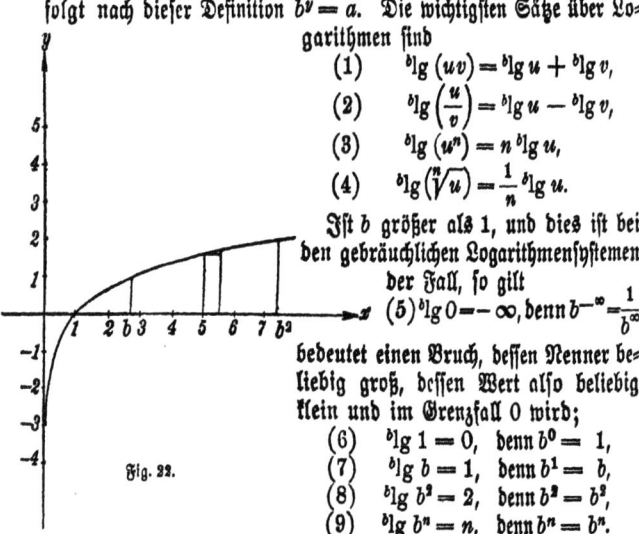

Fig. 22.

Die Kurve $y = {}^b\lg x$ verläuft also so, wie Fig. 22 zeigt.

Zur Bildung des Differentialquotienten von $y = {}^b\lg x$ nehmen wir $b$ zunächst beliebig an und behalten uns vor, im Verlaufe der Rechnung für die Größe den Wert zu wählen, der uns am passendsten erscheint. Den Zuwachs $\triangle x$ machen wir aus Zweckmäßigkeitsgründen gleich dem $n$ten Teile von $x$, wobei $n$ eine beliebige ganze[2]) Zahl bedeuten soll (in der Figur ist $x = 5$, $n = 10$ gewählt), die im Grenzfall unendlich groß wird.

---

[1]) Vgl. Crantz, Algebra I (ANuG Bd. 120 § 48f.).

[2]) Es läßt sich zeigen, daß diese Beschränkung des Wertes $n$ nicht notwendig ist.

### Logarithmus und Exponentialfunktion

$$\frac{\Delta y}{\Delta x} = \frac{{}^b\lg(x+\Delta x) - {}^b\lg x}{\Delta x} = \frac{{}^b\lg\left(1+\frac{\Delta x}{x}\right)}{\frac{x}{n}} = \frac{{}^b\lg\left(1+\frac{1}{n}\right)}{\frac{x}{n}}$$

$$= \frac{n\,{}^b\lg\left[\left(1+\frac{1}{n}\right)\right]}{x} = \frac{{}^b\lg\left[\left(1+\frac{1}{n}\right)^n\right]}{x}.$$

Wir untersuchen, ob für $\left(1+\frac{1}{n}\right)^n$ ein endlicher bestimmter Wert resultiert, wenn $n$ immer größer wird. Wenn er existiert, nennen wir ihn $e$. Nach dem binomischen Satze (S. 18 f.) ist

$$s = \left(1+\frac{1}{n}\right)^n = 1 + \frac{n}{1}\cdot\frac{1}{n} + \frac{n(n-1)}{1\cdot 2}\cdot\frac{1}{n^2} = \frac{n(n-1)(n-2)}{1\cdot 2\cdot 3}\cdot\frac{1}{n^3}$$
$$+\cdots\frac{n(n-1)(n-2)\ldots(n-[n-1])}{1\cdot 2\cdot 3\ldots n}\cdot\frac{1}{n^n}.$$

Man dividiere jetzt jeden Faktor $n$, $n-1$, $n-2$, ... durch je einen Faktor des Produktes $n\cdot n\cdot n\ldots$

$$s = \left(1+\frac{1}{n}\right)^n = 1 + 1 + \frac{1}{1\cdot 2}\cdot\left(1-\frac{1}{n}\right) + \frac{1}{1\cdot 2\cdot 3}\cdot 1\left(1-\frac{1}{n}\right)\left(1-\frac{2}{n}\right)$$
$$+ \frac{1}{1\cdot 2\cdot 3\cdot 4}\left(1-\frac{1}{n}\right)\left(1-\frac{2}{n}\right)\left(1-\frac{3}{n}\right)$$
$$+\cdots+ \frac{1}{1\cdot 2\cdot 3\cdot 4\cdots n}\left(1-\frac{1}{n}\right)\left(1-\frac{2}{n}\right)\cdots\left(1-\frac{n-1}{n}\right).$$

Setzt man dann $n = \infty$, so wird $\frac{1}{n}, \frac{2}{n}$ usw. $= 0$, also beginnt die Reihe $\quad e = 1 + 1 + \frac{1}{1\cdot 2} + \frac{1}{1\cdot 2\cdot 3} + \frac{1}{1\cdot 2\cdot 3\cdot 4} + \cdots.$

Nur die Schlußglieder erfordern eine besondere Untersuchung; sie zeigt, daß die genannte Reihe für $e$ tatsächlich völlig richtig ist. Verwandelt man die Brüche in Dezimalbrüche und rundet die vierte Stelle nach dem Komma ab, so erhält man einen Näherungswert.

$$1 + 1 + \frac{1}{2} = 2{,}5000$$
$$\frac{1}{1\cdot 2\cdot 3} = 0{,}1667$$
$$\frac{1}{1\cdot 2\cdot 3\cdot 4} = 0{,}0417$$
$$\frac{1}{1\cdot 2\cdot 3\cdot 4\cdot 5} = 0{,}0083$$
$$\frac{1}{1\cdot 2\cdot 3\cdot 4\cdot 5\cdot 6} = 0{,}0014$$
$$\frac{1}{1\cdot 2\cdot 3\cdot 4\cdot 5\cdot 6\cdot 7} = 0{,}0002$$
$$\frac{1}{1\cdot 2\cdot 3\cdot 4\cdot 5\cdot 6\cdot 7\cdot 8} = 0{,}0000$$
$$e = 2{,}7183.$$

Allerdings ist jetzt noch fraglich, ob die fehlenden Glieder und die Abrundungen das Ergebnis nicht wesentlich fälschen. Diese Frage wird später im verneinenden Sinne entschieden werden.

Im Grenzfall ($n = \infty$) resultiert, wenn $y = {}^b\lg x$ ist
$$\frac{dy}{dx} = \frac{{}^b\lg e}{x}.$$

Besonders einfach wird das Ergebnis, sobald man $e$ selbst zur Basis des Logarithmensystems nimmt (natürliche Logarithmen). Statt des Symbols ${}^e\lg$ schreibt man einfach $ln$; $ln\,e$ ist nach (7) $= 1$, also folgt

(10) $\qquad \begin{cases} y = ln\,x \\ y' = \dfrac{1}{x}. \end{cases}$

Die gebräuchlichste Basis ist 10 (Briggische, gemeine oder künstliche Logarithmen).

(11) $\qquad \begin{cases} y = {}^{10}\lg x \text{ liefert (unter Benutzung der Logarithmentafel)} \\ y' = \dfrac{{}^{10}\lg e}{x} = \dfrac{0{,}43429}{x}. \end{cases}$

Es sei $y$ der natürliche und $z$ der Briggische Logarithmus von $x$. Aus
$$y = ln\,x \quad \text{und} \quad z = {}^{10}\lg x$$
ergibt sich
$$e^y = x \quad \text{und} \quad 10^z = x,$$
also
$$e^y = 10^z.$$

Man logarithmiert beide Seiten nach Vorschrift der Gleichung (3) auf S. 34, indem man einmal 10, einmal $e$ als Basis nimmt.
$$y \cdot {}^{10}\lg e = z \cdot {}^{10}\lg 10 = z$$
$$y \cdot {}^e\lg e = y = z \cdot ln\,10.$$

Hieraus ergibt sich durch Einsetzen der Werte für $y$ und $z$

(12) $\qquad ln\,x = \dfrac{{}^{10}\lg x}{{}^{10}\lg e}$

(13) $\qquad {}^{10}\lg x = \dfrac{ln\,x}{ln\,10}.$

Der Wert $x = 10$ liefert in (12)
$$ln\,10 = \frac{1}{{}^{10}\lg e},$$
$$ln\,10 \cdot {}^{10}\lg e = 1.$$

Da ${}^{10}\lg e$ nach der Logarithmentafel $= 0{,}43429$ ist, so ist ${}^e\lg 10 = 2{,}30259$. Man kann daher (12) und (13) auch schreiben

(14) $\qquad ln\,x = {}^{10}\lg x \cdot {}^e\lg 10 = 2{,}30259\; {}^{10}\lg x$

(15) $\qquad {}^{10}\lg x = ln\,x \cdot {}^{10}\lg e \quad = 0{,}43429\; ln\,x.$

So kann man bequem die Logarithmen des einen in die des anderen

Systems umwandeln. Die Richtigkeit der angegebenen, den Tafeln entnommenen Zahlenwerte wird später (Lehre von den Reihen) bewiesen werden.

Wie aus der Definitionsgleichung für die Logarithmen hervorgeht, sind die Exponentialfunktionen zu ihnen invers. Aus $y = e^x$ folgt

$$x = ln y, \quad \frac{dx}{dy} = \frac{1}{y}, \quad \frac{dy}{dx} = y = e^x.$$

(16) Die Ableitung von $e^x$ ist also wieder $e^x$.

$y = a^x$ gibt, nach $e$ logarithmiert

$$ln y = x ln a, \quad x = \frac{ln y}{ln a}, \quad \frac{dx}{dy} = \frac{1}{ln a} \cdot \frac{1}{y}; \quad \frac{dy}{dx} = y ln a = a^x ln a.$$

(17) Die Ableitung von $a^x$ ist $a^x ln a$.

## Aufgaben.

**103.** Es soll die Funktion $y = \left(1 + \frac{1}{n}\right)^n$ graphisch dargestellt werden.

**104.** Man zeichne die Kurven a) $y = \left(1 + \frac{1}{n}\right)^n$; b) $y_1 = 1$;

c) $y_2 = 1 + \frac{n}{1} \cdot \frac{1}{n}$; d) $y_3 = 1 + \frac{n}{1} \cdot \frac{1}{n} + \frac{n(n-1)}{1 \cdot 2} \cdot \frac{1}{n^2}$;

e) $y_4 = 1 + \frac{n}{1} \cdot \frac{1}{n} + \frac{n(n-1)}{1 \cdot 2} \cdot \frac{1}{n^2} + \frac{n(n-1)(n-2)}{1 \cdot 2 \cdot 3} \cdot \frac{1}{n^3}$ usw. in

dasselbe Achsenkreuz ein und beachte die immer genauer werdende Annäherung.

**105.** Man berechne die natürlichen Logarithmen der ganzen Zahlen von 1 bis 10 nach Formel 14 auf S. 36, indem man die künstlichen Logarithmen einer Tafel entnimmt und vergleiche die Ergebnisse mit einer Tabelle (z. B. in der „Hütte"). Benutzt man den Rechenschieber[1]), so ist die Berechnung besonders bequem, da die Zahl 2,303 dauernd eingestellt bleiben kann.[2])

**106.** Man zeichne die Kurven $y = ln x$; $y = {}^{10}lg x$; $y = {}^{20}lg x$, bestimme für einen beliebigen Wert von $x$, etwa 5, den Differentialquotienten und prüfe, ob die Kurventangente die berechnete Neigung gegen die Abszissenachse hat.

---

[1]) Vgl. Neuendorff, Praktische Mathematik (ANuG Bd. 341 VI. Vortrag).

[2]) Für die Berechnung von Potenzen oder Wurzeln mit beliebigen Exponenten, sowie für Logarithmen beliebiger Basen ist der von Nestler in Lahr in den Handel gebrachte Rechenschieber „System Peter" hervorragend geeignet. Die elementaren Operationen lassen sich durch ihn wie mit jedem andern Instrument ausführen.

**107.** Man wende das auf S. 15 geschilderte Verfahren an.

**108.** Es soll dieselbe Aufgabe für $e^x$ und $10^x$ gelöst werden ($x=0, 1, 2, 3$).

### Die Hyperbelfunktionen und ihre Umkehrungen.

Eng verwandt mit der Exponentialfunktion einerseits und den trigonometrischen Funktionen andererseits sind die Hyperbelfunktionen. Man definiert

(1) $\mathrm{Sin}\, x = \tfrac{1}{2}(e^x - e^{-x})$ \qquad (2) $\mathrm{Cos}\,(x) = \tfrac{1}{2}(e^x + e^{-x})$

(3) $\mathrm{Tg}\, x = \dfrac{\mathrm{Sin}\, x}{\mathrm{Cos}\, x} = \dfrac{e^x - e^{-x}}{e^x + e^{-x}}$ \qquad (4) $\mathrm{Ctg}\,(x) = \dfrac{\mathrm{Cos}\, x}{\mathrm{Sin}\, x} = \dfrac{e^x + e^{-x}}{e^x - e^{-x}}$

Da $e^0 = 1$ ist, so ist $\mathrm{Sin}\, 0 = 0$; $\mathrm{Cos}\, 0 = 1$; $\mathrm{Tg}\, 0$; $\mathrm{Ctg}\, 0 = \infty$. Man erhält also dieselben Werte wie für die trigonometrischen Funktionen. Ebenso ist $\mathrm{Sin}\,(-x) = \tfrac{1}{2}(e^{-x} - e^x) = -\tfrac{1}{2}(e^x - e^{-x}) = -\mathrm{Sin}\, x$; $\mathrm{Cos}\,(-x) = +\mathrm{Cos}\,(x)$; $\mathrm{Tg}\,(-x) = -\mathrm{Tg}\,(x)$; $\mathrm{Ctg}\,(-x) = -\mathrm{Ctg}\, x$. Man braucht hier wie dort nur Tafeln für positive Werte von $x$ anzulegen, da sich die Funktionen, wenn $x$ negativ ist, sofort hinschreiben lassen. Solche Tabellen findet man in der „Hütte", ausführlichere Werke sind Ligowski, Tafeln der Hyperbelfunktionen und der Kreisfunktionen und Burrau, Tafeln der Funktionen Cosinus und Sinus.

Stellt man unter Benutzung dieser Tafeln oder nach direkter Berechnung die Hyperbelfunktionen graphisch dar, so sieht man, daß sie, von denselben Anfangswerten ausgehend, ganz anders verlaufen als die trigonometrischen. $\mathrm{Sin}\, x$ und $\mathrm{Cos}\, x$ wächst dauernd bis ins Unendliche, $\mathrm{Tg}\, x$ und $\mathrm{Ctg}\, x$ nähern sich unbegrenzt dem Werte 1, $\mathrm{Tg}\, x$ steigend, $\mathrm{Ctg}\, x$ fallend. Für große Werte von $x$ kann $e^{-x}$ unberücksichtigt bleiben; es ist dann $\mathrm{Sin}\, x \approx \mathrm{Cos}\, x \approx \tfrac{1}{2} e^x$, $\mathrm{Tg}\, x \approx \mathrm{Ctg}\, x \approx 1$. Es fehlt für reelle Werte von $x$ den Hyperbelfunktionen die Eigenschaft der Periodizität, welche die trigonometrischen charakterisiert. Bei diesen treten nämlich, wenn man $x$ um die Größe $2\pi$ wachsen läßt, dieselben Funktionswerte auf, z. B. ist $\sin(x + 2\pi) = \sin(x + 360^0) = \sin x$.

Die Ableitungen der Hyperbelfunktionen sind leicht zu finden

(5) $\dfrac{d\,\mathrm{Sin}\, x}{dx} = \mathrm{Cos}\, x$ \qquad (6) $\dfrac{d\,\mathrm{Cos}\, x}{dx} = \mathrm{Sin}\, x$

(7) $\dfrac{d\,\mathrm{Tg}\, x}{dx} = \dfrac{1}{\mathrm{Cos}^2 x}$ \qquad (8) $\dfrac{d\,\mathrm{Ctg}\, x}{dx} = -\dfrac{1}{\mathrm{Sin}^2 x}$.

## Aufgaben.

**109.** Man stelle die hyperbolischen Funktionen graphisch dar und prüfe die Richtigkeit der für die Ableitungen gefundenen Werte nach den bisherigen Methoden an speziellen Werten von $x$.

Man leite die Formeln

**110.** $\operatorname{Cof} x + \operatorname{Sin} x = e^x$.   **113.** $\operatorname{Sin}(2x) = 2 \operatorname{Sin} x \operatorname{Cof} x$.
**111.** $\operatorname{Cof} x - \operatorname{Sin} x = e^{-x}$.  **114.** $\operatorname{Cof}(2x) = \operatorname{Cof}^2 x + \operatorname{Sin}^2 x$.
**112.** $\operatorname{Cof}^2 x - \operatorname{Sin}^2 x = 1$.

ab und untersuche, ob noch andere, den trigonometrischen ähnliche aufgestellt werden können.

**115.** $y = ln\left(x + \sqrt{x^2 + a^2}\right)$ soll differentiiert werden.

Es sei $y = \operatorname{Ar Sin} x$ die inverse Funktion zu $x = \operatorname{Sin} y$. Aus $x = \tfrac{1}{2}(e^y - e^{-y})$ folgt $2xe^y = (e^y)^2 - 1$, also $(e^y)^2 - 2xe^y = 1$; $e^y = x \pm \sqrt{x^2 + 1}$. Da $e^y$ positiv sein muß, so ist das negative Vorzeichen zu unterdrücken, also $y = ln\left(x + \sqrt{x^2 + 1}\right)$ oder

(9) $$\operatorname{Ar Sin} x = ln\left(x + \sqrt{x^2 + 1}\right).$$

Aus $y = \operatorname{Ar Sin} x$ oder $x = \operatorname{Sin} y$ ergibt sich $\dfrac{dx}{dy} = \operatorname{Cof} y = \sqrt{1 + \operatorname{Sin}^2 y}$ (Aufg. 112) $= \sqrt{x^2 + 1}$; $\dfrac{dy}{dx} = \dfrac{1}{\sqrt{x^2+1}}$. Vgl. Aufg. 115.

(10) $$\frac{d\operatorname{Ar Sin} x}{dx} = \frac{1}{\sqrt{x^2+1}}.$$

Es sei $y = \operatorname{Ar Cof} x$ die inverse Funktion zu $x = \operatorname{Cof} y$. Dann ist entsprechend $x = \tfrac{1}{2}(e^y + e^{-y})$; $2xe^y = (e^y)^2 + 1$; $(e^y)^2 - 2xe^y = -1$; $e^y = x \pm \sqrt{x^2 - 1}$; $y = ln\left(x \pm \sqrt{x^2 - 1}\right)$; $y_1 = ln\left(x + \sqrt{x^2 - 1}\right)$; $y_2 = ln\left(x - \sqrt{x^2 - 1}\right) = ln\left[\dfrac{(x - \sqrt{x^2-1})(x + \sqrt{x^2-1})}{x + \sqrt{x^2-1}}\right]$. Die Ausführung der Multiplikation im Zähler ergibt 1, also ist $y_2 = ln\left(\dfrac{1}{x + \sqrt{x^2-1}}\right) = -ln\left(x - \sqrt{x^2-1}\right) = -y_1$. Da $\operatorname{Cof} y$ für $y = +y_1$ und $y = -y_1$ denselben Wert hat, so liefert naturgemäß die vorliegende Gleichung $\operatorname{Cof} y = x$ zwei nur durch das Vorzeichen verschiedene Lösungen. Man bevorzugt die positive und setzt

(11) $$\operatorname{Ar Cof} x = ln\left(x + \sqrt{x^2 - 1}\right).$$

Ist $y = \operatorname{Ar Cof} x$, $x = \operatorname{Cof} y$, so ist $\dfrac{dx}{dy} = \operatorname{Sin} y = \sqrt{\operatorname{Cof}^2 y - 1} = \sqrt{x^2 - 1}$

(12) $$\frac{d \operatorname{Ar} \mathfrak{Cof} x}{dx} = \frac{1}{\sqrt{x^2-1}}$$

$y = \operatorname{Ar} \mathfrak{Tg} x$ gibt die Gleichung $x = \mathfrak{Tg} y = \frac{e^y - e^{-y}}{e^y + e^{-y}}$; hieraus findet man leicht

(13) $$\operatorname{Ar} \mathfrak{Tg} x = \frac{1}{2} ln\left(\frac{1+x}{1-x}\right).$$

Ferner ist $\frac{dx}{dy} = \frac{1}{\mathfrak{Cof}^2 y} = \frac{\mathfrak{Cof}^2 y - \mathfrak{Sin}^2 y}{\mathfrak{Cof}^2 y}$ (Aufg. 112) $= 1 - \mathfrak{Tg}^2 y = 1 - x^2$

(14) $$\frac{d \operatorname{Ar} \mathfrak{Tg} x}{dx} = \frac{1}{1-x^2}$$

$x$ muß stets zwischen $-1$ und $+1$ liegen ($x^2 < 1$), da $\mathfrak{Tg} y$ für jeden reellen Wert von $y$ zwischen diesen Grenzen eingeschlossen ist.

$y = \operatorname{Ar} \mathfrak{Ctg} x$; $x = \frac{e^y + e^{-y}}{e^y - e^{-y}}$, man findet

(15) $$\operatorname{Ar} \mathfrak{Ctg} x = \frac{1}{2} ln\left(\frac{x+1}{x-1}\right)$$

$\frac{dx}{dy} = -\frac{1}{\mathfrak{Sin}^2 y} = \frac{\mathfrak{Sin}^2 y - \mathfrak{Cof}^2 y}{\mathfrak{Sin}^2 y} = 1 - \mathfrak{Ctg}^2 y = 1 - x^2$

(16) $$\frac{d \operatorname{Ar} \mathfrak{Ctg} x}{dx} = \frac{1}{1-x^2}$$

$x$ ist stets größer als $+1$ oder kleiner als $-1$ ($x^2 > 1$), weil $\mathfrak{Ctg} y = \frac{1}{\mathfrak{Tg} y}$ ist und $\mathfrak{Tg} y$ zwischen $+1$ und $-1$ liegt.

Die inversen Funktionen können direkt oder (bequemer) mit Hilfe der Tafeln für die Hyperbelfunktionen berechnet werden.

### Viertes Kapitel.
## Anwendung der Differentialrechnung auf die Untersuchung technisch wichtiger Kurven.

Die Gleichung einer Kurve sei $y = f(x)$. (Fig. 23.)

Schreibt man $y$ einen bestimmten Wert $a$ vor, so liefert die Gleichung
$$f(x) = a$$
die Abszissen der Punkte, die von der $x$-Achse den Abstand $a$ haben. Diese Punkte müssen, wenn $a$ positiv ist, über, wenn $a$ negativ ist, unter der Abszissenachse liegen. In Fig. 23 hat z. B. $y$ den vorgeschriebenen Wert $a$, wenn $x = OM = x_a$ ist. Die negative Größe $b$ wird erreicht, wenn $x = ON = x_b$ oder auch, wenn $x = OQ = x_{b_1}$ wird. Für den

Kurvenlehre 41

speziellen Wert $a = 0$ erhält man die **Schnittpunkte mit der $x$-Achse**, die Gleichung $f(x) = 0$ würde also in unserer Figur durch die Abszissen $OB$, $OP$ und $OH$ befriedigt sein.

Schon auf S. 14 wurde erwähnt, daß der **Differentialquotient** $y' = f'(x) = tg\,\alpha$ ist, wenn $\alpha$ den Tangentenwinkel bedeutet. Ist $y'$, also auch $\alpha$, positiv, so steigt die Kurve (Punkt $A$, $C$); ist $y'$ negativ, so fällt sie (Punkt $E$, $F$); ist $y' = 0$, so läuft sie momentan der Abszissenachse parallel (Punkt $D$, $G$). Dies ist stets bei den höchsten und tiefsten Punkten der Kurve der Fall.

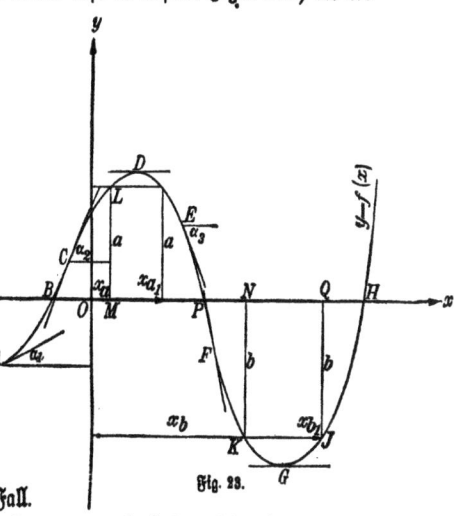

Fig. 23.

Ebenso wie das Vorzeichen von $y$ und $y'$ ist auch das der **zweiten Ableitung** $y''$ für die Untersuchung von Bedeutung. Es sei $x$ eine beliebige Abszisse, $x_1 = x + \triangle x$ eine größere. Steigt die Kurve in dem Punkt, der zu $x_1$ gehört, stärker als in dem vorigen (Fig. 24), so werden ihre Tangentenwinkel größer, also auch deren trigonometrische Tangenten

$$y_1' - y' > 0$$
$$\frac{y_1' - y'}{x_1 - x} > 0 \text{ oder } \frac{\triangle y'}{\triangle x} > 0$$

und im Grenzfall $\dfrac{d(y')}{dx} > 0$, $y'' > 0$.

Die Kurve ist dann in unserem Achsensystem nach „oben" konkav (Punkt $K$, $J$, $G$ in Fig. 23).

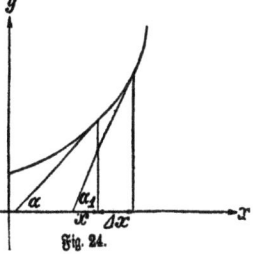

Fig. 24.

Ist $y'' < 0$, so ist sie konvex (Punkt $L$, $D$, $E$); ist $y'' = 0$, so ist sie momentan ganz geradlinig, man spricht von einem **Wendepunkte** (Fig. 23, $C$ und $F$).

Die Verbindungslinie zweier naher Kurvenpunkte liefert im Grenzfall die Tangente. Um eine noch größere Annäherung mit einfachen

42  IV. Anwendung der Differentialrechnung usw

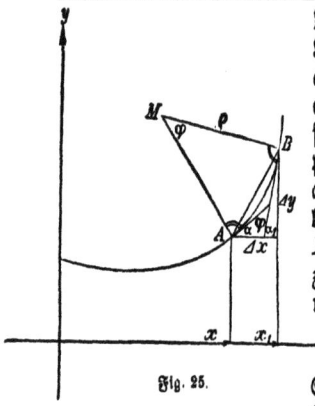

Fig. 25.

Mitteln zu erhalten, sucht man einen Kreis, der sich der Kurve möglichst gut anpaßt, den Krümmungskreis. Soll ein Kurvenstück $AB$ als ein Kreis gelten, so muß der Mittelpunkt auf dem Schnittpunkt zweier „Normalen" (Senkrechten auf der Tangente im Berührungspunkt) liegen; wir wählen die Endpunkte $A$ und $B$ als Berührungspunkte. Der Winkel zwischen den beiden benachbarten Normalen sei $\varphi$. Aus Fig. 25 geht hervor, daß $\varphi = \alpha_1 - \alpha = \triangle \alpha$ ist. Der Kreisbogen $AB$ hat (vgl. S. 29) die Länge $\varrho \varphi = \varrho \cdot \triangle \alpha$. Die Sehne $AB$ ist

$$\triangle s = \sqrt{(\triangle x)^2 + (\triangle y)^2} = \triangle x \sqrt{1 + \left(\frac{\triangle y}{\triangle x}\right)^2}.$$

Rücken $A$ und $B$ näher und näher, so werden diese Größen immer mehr gleich, es ist nahezu

$$\varrho \triangle \alpha \approx \triangle x \sqrt{1 + \left(\frac{\triangle y}{\triangle x}\right)^2} \qquad \varrho \approx \frac{\sqrt{1 + \left(\frac{\triangle y}{\triangle x}\right)^2}}{\left(\frac{\triangle \alpha}{\triangle x}\right)}$$

und im Grenzfall genau $\varrho = \dfrac{\sqrt{1 + \left(\dfrac{dy}{dx}\right)^2}}{\left(\dfrac{d\alpha}{dx}\right)}$.

Nun besteht aber die Beziehung: $\operatorname{tg} \alpha = \dfrac{dy}{dx}$,

also $\qquad \alpha = \operatorname{arctg} \left(\dfrac{dy}{dx}\right)$

(vgl. S. 33). Man kann hier die Hilfsgröße $\dfrac{dy}{dx} = u$ einführen und hat dann $\alpha = \operatorname{arctg} u$

$\dfrac{d\alpha}{du} = \dfrac{1}{1+u^2} = \dfrac{1}{1+\left(\dfrac{dy}{dx}\right)^2}, \quad \dfrac{du}{dx} = \dfrac{d^2 y}{dx^2},$ daher $\dfrac{d\alpha}{dx} = \dfrac{\left(\dfrac{d^2 y}{dx^2}\right)}{1 + \left(\dfrac{dy}{dx}\right)^2}.$

Diese Größe kann man in die Gleichung für $\varrho$ einsetzen

### Krümmungskreis

$$\varrho = \frac{\left[1+\left(\frac{dy}{dx}\right)^2\right]\sqrt{1+\left(\frac{dy}{dx}\right)^2}}{\frac{d^2y}{dx^2}} = \frac{\left[1+\left(\frac{dy}{dx}\right)^2\right]^{\frac{3}{2}}}{\frac{d^2y}{dx^2}}.$$

Besonders einfach wird die Formel, wenn die Kurve der Abszissenachse momentan parallel läuft, dann ist nämlich $\frac{dy}{dx} = 0$, der Zähler wird 1, und

$$\varrho_0 = \frac{1}{\frac{d^2y}{dx^2}} = \frac{1}{y''}.$$

Will man an eine Kurve parallel zu einer gegebenen Geraden AB die Tangente legen, so zieht man zwei parallele Sehnen CD und EF, halbiert sie und bringt die Verbindungslinie der Mitten zum Schnitt T mit der Kurve. (Fig. 26.) So erhält man, wenn das Kurvenstück nicht zu groß ist, den Berührungspunkt der Tangente. Der Beweis ist leicht, wenn man den Kurvenbogen durch den Krümmungskreis ersetzt, denn für den Kreis ist das geschilderte Verfahren streng richtig.

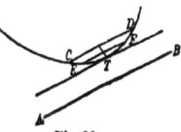

Fig. 26.

Es läßt sich zeigen, daß es auch für die andern Kegelschnitte (Ellipse, Parabel, Hyperbel) exakt ist, und da sich ein Kurvenbogen durch eine dieser Linien mit großer Genauigkeit annähernd ersetzen läßt, so liefert es fast stets sehr gute Ergebnisse.

Nach diesen allgemeinen Untersuchungen besprechen wir einzelne technisch wichtige Kurven speziell.

### 1. Die gerade Linie.

Die Theorie der geraden Linie wurde, soweit sie uns angeht, schon auf S. 16 behandelt. Einige Beispiele sollen ihre große Bedeutung für die Praxis zeigen. Jede Lösung möge graphisch (g.) ausgeführt werden.

### Aufgaben.

**116.** Welche Geschwindigkeit $v$ (in m/sec gemessen) nimmt ein Körper, der frei fällt, nach $t$ Sekunden an? Wie groß ist sie, wenn er in einer Fallrinne herabrollt, die unter dem Winkel $\alpha$ gegen die Horizontale geneigt ist? (g.)

**117.** Ein Thermoelement liefert, wenn die Lötstelle um $100^0$ erwärmt wird, folgende Spannung: Eisen-Konstantan 0,0053 Volt; Kupfer-Konstantan 0,004 Volt; Eisen-Nickel 0,0032 Volt; Kupfer-Nickel 0,0022 Volt; Eisen-Platin 0,0017 Volt. Man stelle die Beziehung zwischen Temperatur und Spannung graphisch dar und vergleiche die Diagramme. (Elektrische Pyrometer.)

**118.** Die Größe des Widerstandes in Ohm, welchen ein Leiter von 1 m Länge und 1 qmm Querschnitt besitzt, heißt sein spezifischer Widerstand $c$. Dieser ändert sich mit der Temperatur. Bei $15^0$ sei er gleich $c_{15}$, bei $t^0$ ist er dann $c = c_{15} [1 + \alpha (t-15)]$. (g.)

Nach der „Hütte" sind die Konstanten

| Stoff | Aluminium | Blei | Eisen | Konstantan | Kupfer | Quecksilber |
|---|---|---|---|---|---|---|
| $c_{15}$ | 0,03 $\Omega$ | 0,21 | 0,10—0,14 | 0,5 | 0,017—0,0175 | 0,95 |
| $\alpha$ | +0,0037 | +0,0037 | +0,0045 | −0,00003 | +0,004 | +0,00087 |

**119.** Der Raum, den ein Gas bei $0^0$ einnimmt, sei $v_0$. Dann erfüllt es bei gleichbleibendem Druck, wenn die Temperatur $t^0$ ist, das Volumen $v = v_0(1 + \frac{1}{273}t)$. (g.)

Beispiel: $v_0 = 1 l$.

**120.** Aus einer Tabelle findet man sin $20^0 30' = 0{,}3502$; sin $20^0 40' = 0{,}3529$. Wie groß ist sin $20^0 37'$? Welcher Winkel gehört zu sin $\alpha = 0{,}3510$? (g.)

## 2. Die Parabel.

Schon auf S. 16 ist die Gleichung der einfachsten quadratischen Funktion
$$y = cx^2 = \frac{x^2}{a}$$
gegeben. Ihre technische Bedeutung liegt darin, daß in den Naturwissenschaften sehr oft eine Größe dem Quadrat einer anderen proportional ist. $c$ ist die Proportionalitätskonstante. Aus $y = \frac{x^2}{a}$ folgt $y' = \frac{2x}{a}$ und $y'' = \frac{2}{a}$. Wir nehmen $a$ zunächst als positiv an. Dann ist $y$ für alle positiven und negativen Werte von $x$ positiv, die Kurve fällt nie unter die Abszissenachse.

$y'$ ist für positive Werte von $x$ stets positiv, für negative stets negativ. Die Kurve hat rechts von der Ordinatenachse stets steigende, links stets fallende Tendenz. Die weitere Diskussion der ersten Ableitung ist bereits auf S. 17 erledigt.

$y''$ ist stets positiv, die Parabel also nach oben konkav.

$$\varrho = \frac{\left[\sqrt{1 + \left(\frac{2x}{a}\right)^2}\right]^3}{\frac{2}{a}} = \frac{a}{2}\left(1 + \frac{4x^2}{a^2}\right)\sqrt{1 + \frac{4x^2}{a^2}}$$

## Parabel. Elastische Linie

nimmt für $x = 0$ den besonders einfachen Wert $\frac{a}{2}$ an. Der Krümmungsradius im Scheitelpunkt der Parabel ist gleich dem halben Parameter oder dem doppelten Brennpunktsabstand. Da sich der Krümmungskreis hier der Kurve gut anschmiegt, so ist er eine wertvolle Ergänzung der Umhüllungskonstruktion, die gerade an dieser Stelle zeichnerische Schwierigkeiten bietet.

Ist $a$ negativ, so liegt die Kurve ganz unterhalb der $x$-Achse, sie ist symmetrisch zu der eben beschriebenen Gestalt.

### Aufgaben.

**121.** Welchen Weg durchfällt eine ohne Anfangsgeschwindigkeit abgeworfene Bombe in $t$ Sekunden? (g.)

**122.** Ein Wasserstrahl fließt mit gleichbleibender Geschwindigkeit ($c$ m/sec) aus einer wagerechten Röhre. Welche Bahn beschreibt er unter dem Einfluß der Schwere?

**123.** Welche Geschwindigkeit $v$ m/sec muß ein Geschoß von $P = 50$ kg Gewicht haben, damit seine Wucht a) 300000 mkg, b) 600000 mkg, c) 900000 mkg ist? (g.)

**124.** Ein elektrischer Strom durchfließt einen Leiter, dessen Widerstand 120 Ohm ist. Wie hängt die in der Sekunde erzeugte Stromwärme von der Spannung ab? (g.)

### 3. Die elastische Linie.

Ein Stab, dessen Eigengewicht verhältnismäßig klein ist, sei an einem Ende in horizontaler Richtung fest eingespannt. Seine Länge sei $l$ cm, sein Elastizitätsmodul $E$ kg/qcm, das Trägheitsmoment seines Querschnitts $J$ cm⁴. Wird sein freies Ende mit $P$ kg belastet, so deformiert er sich infolge dieser Beanspruchung auf Biegung. Die oberen Fasern werden gedehnt, die unteren verkürzt, und ein Teil der mittleren, die sogenannte neutrale Schicht, behält ihre Länge, aber nicht ihre ursprüngliche Lage. Die Gleichung ihrer neuen Gestalt ist vielmehr nach den Sätzen der Mechanik

$$y = \frac{Pl^2}{2EJ}\left(\frac{x}{l} - \frac{1}{3}\frac{x^3}{l^3}\right);$$

dabei sind $x$ und $y$ auch in cm gegeben. (Elastische Linie; Fig. 27.)

Für $x = 0$ wird $y = 0$;

für $x = l$ wird $y = \frac{1}{3}\frac{Pl^3}{EJ}$.

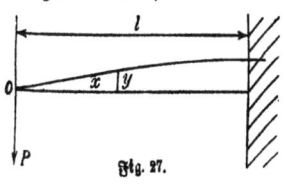

Fig. 27.

Diese Größe stellt die maximale Durchbiegung dar.

Für ein Doppel-T-Eisen, Normalprofil 12, ist $J = 328$ cm⁴. Nimmt man $E = 2150000$ kg/qcm an, und ist $l = 1,5$ m, $P = 100$ kg, so folgt
$$y_{max} = \frac{100 \cdot 150^3}{3 \cdot 2150000 \cdot 328} \text{ cm}$$
$$y_{max} = 0,16 \text{ cm} = 1,6 \text{ mm}.$$
$$y' = \frac{Pl^2}{2EJ}\left(\frac{1}{l} - \frac{x^2}{l^3}\right) = \frac{Pl^2}{2EJ}\left(1 - \frac{x^2}{l^2}\right).$$

Es wird für $x = 0$ $\quad y_0' = \frac{Pl^2}{2EJ}$,
also in unserem Beispiel
$$y_0' = \frac{100 \cdot 22500}{3 \cdot 2150000 \cdot 328} = 0,0016, \quad \alpha = 5\tfrac{1}{2}'.$$

Zwischen $x = 0$ und $x = l$ bleibt $\frac{x}{l}$ stets kleiner als 1, also
$$1 - \left(\frac{x}{l}\right)^2$$
stets positiv und ebenso $y'$. Die Kurve steigt.
$$x = l \quad \text{ergibt} \quad \alpha = 0.$$

Die zweite Ableitung ist $y'' = \frac{Pl^2}{2EJ}\left(-\frac{2x}{l^2}\right) = -\frac{Px}{EJ}$.

Sie verschwindet für $x = 0$, das freie Ende des Stabes wird zum Schluß gerade. Zwischen $x = 0$ und $x = l$ ist $y''$ negativ, die Kurve konvex. An der Einspannstelle wird, da $y' = 0$ ist,
$$\varrho_0 = \frac{1}{y''} = -\frac{EJ}{Pl}.$$

Das Vorzeichen gibt die Richtung an, in der der Krümmungsmittelpunkt liegt. $\quad \varrho_0 = -47000$ cm $= -470$ m.

Bei Berücksichtigung des Eigengewichtes $G$ gilt, wenn sonst keine Kraft (etwa $P$) wirkt, eine andere Formel, nämlich
$$y = \frac{Gl^3}{6EJ}\left(\frac{x}{l} - \frac{1}{4}\frac{x^4}{l^4}\right).$$

1 m des eben beschriebenen Doppel-T-Eisens wiegt 11,15 kg, daher ist $G = 16,7$ kg, die anderen Konstanten sind schon bekannt.

Die Diskussion der Kurvengleichung wird wie vorher geführt. Die maximale Durchbiegung ist
$$y_{max} = \frac{16,7 \cdot 150^3}{6 \cdot 2150000 \cdot 328} \cdot \frac{3}{4} = 0,01 \text{ cm} = 0,1 \text{ mm}.$$

Die Größen $\quad y' = \frac{Gl^3}{6EJ}\left(\frac{1}{l} - \frac{x^3}{l^4}\right) = \frac{Gl^2}{6EJ}\left(1 - \frac{x^3}{l^3}\right)$

Elaſtiſche Linie. Hyperbel 47

und
$$y'' = -\frac{Gx^2}{2EJ\lambda}$$

laſſen ähnliche Schlüſſe wie vorher zu.

Wirkt außer dem Eigengewicht noch die Kraft $P$, ſo ſummieren ſich natürlich die durch die beiden Kräfte hervorgerufenen Abweichungen $y$ von der Anfangslage; es iſt

$$y = \frac{l^3}{2EJ}\left[P\left(\frac{x}{l} - \frac{x^3}{3l^3}\right) + \frac{G}{3}\left(\frac{x}{l} - \frac{x^4}{4l^4}\right)\right].$$

Eine ſehr reichhaltige Zuſammenſtellung der Gleichungen für die verſchiedenen Formen der elaſtiſchen Linie findet ſich im 1. Bande der „Hütte".

### 4. Die gleichſeitige Hyperbel.

Neben der direkten Proportionalität, die durch eine Gerade, und dem quadratiſchen Abhängigkeitsverhältnis, das durch eine Parabel dargeſtellt wird, tritt in der Technik am häufigſten die reziproke Beziehung auf. Ihr entſpricht die Gleichung $y = \frac{a^2}{x}$, d. h. die Ordinaten ſind den zugehörigen Abſziſſen umgekehrt proportional.

Die Kurve, deren Gleichung dieſe Form hat, nennen wir eine gleichſeitige Hyperbel; ſie entſteht z. B. bei der graphiſchen Darſtellung des Mariotteſchen Geſetzes (S. 10). Weil bei dieſer Zuſtandsänderung die Temperatur konſtant bleibt, heißt ſie Iſotherme.

In der Kurvengleichung iſt $a^2$ ſtets poſitiv. Zeichnung und Rechnung lehren, daß die Kurve aus zwei kongruenten Zweigen beſteht, von denen der eine in dem Raum zwiſchen der $+X$- und $+Y$-Achſe, der andere zwiſchen der $-X$- und $-Y$-Achſe liegt. (Die Gleichung $y = -\frac{a^2}{x}$ ſtellt eine gleichſeitige Hyperbel dar, die in den beiden anderen Quadranten verläuft.)

Sie iſt zu den beiden Winkelhalbierenden des Achſenkreuzes ſymmetriſch. Da
$$y = \frac{a^2}{x} = a^2 x^{-1}$$
iſt, ſo hat man
$$\operatorname{tg} \alpha = y' = -a^2 x^{-2} = -\frac{a^2}{x^2} = -\frac{y}{x}.$$

Fig. 28 zeigt die auf dieſe Formel ſich gründende Tangentenkonſtruktion. Die Tangente bildet mit den Achſen ein rechtwinkliges Dreieck, deſſen Katheten $= 2x$ und $2y$ ſind. Der Inhalt iſt
$$F = \frac{2x \cdot 2y}{2} = 2xy = 2a^2.$$

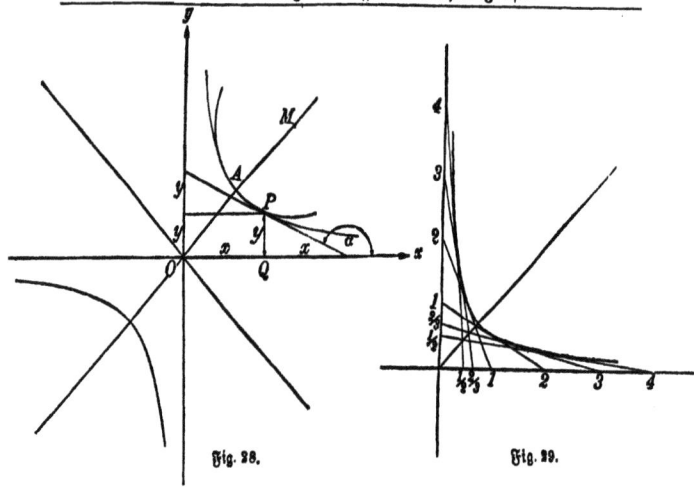

Fig. 28.      Fig. 29.

Ist von einer gleichseitigen Hyperbel außer dem Achsenkreuz eine Tangente gegeben, so kann man beliebig viele andere zeichnen, indem man den Abschnitt auf der Ordinatenachse $n$ mal, den auf der Abszissenachse $\frac{1}{n}$ mal so groß macht wie zu Anfang. (In Fig. 29 ist z. B. $n = 2, 3, 4 \ldots, \frac{1}{n} = \frac{1}{2}, \frac{1}{3}, \frac{1}{4} \ldots$)
$$y'' = + 2a^2 x^{-3} = \frac{2a^2}{x^3}.$$

Besonders wichtig ist der Krümmungsradius im Scheitelpunkt, für den aus Symmetriegründen $x = y$ ist. Aus der Kurvengleichung folgt zunächst
$$x \cdot x = a^2, \quad x = \pm a.$$
Für $x = +a$ ist $y' = -1, \quad y'' = \frac{2a^2}{a^3} = \frac{2}{a}$
$$\varrho = \frac{\sqrt{(1+1)^3}}{\left(\frac{2}{a}\right)} = \frac{a}{2} \cdot 2\sqrt{2} = a\sqrt{2} = OA$$

(Fig. 28). Dadurch ist die Lage des Krümmungsmittelpunktes bestimmt.

## 5. Die Adiabate.

Befindet sich ein Gas in einem abgeschlossenen Raum und wird es zusammengepreßt, ohne daß Wärme entweichen kann (Kompressoren), so wird sein Druck einmal nach dem Mariotteschen Gesetz größer, außerdem aber auch noch dadurch, daß sich die mechanische Arbeit in Wärme umsetzt und diese unter normalen Verhältnissen das Gas zwingen würde, einen größeren Raum einzunehmen. Dies wird verhindert, und so äußert sich die eben erwähnte Wärmeenergie durch vermehrten Druck auf die Gefäßwände. Die Beziehung zwischen Druck und Volumen wird hier durch das **Poisson**sche Gesetz

$$p : p_0 = v_0^k : v^k \qquad \text{geregelt.}$$

$p_0$ und $v_0$ geben den Anfangszustand des Gases nach Druck und Volumen an, $k$ ist für Luft $= 1{,}41$. Es ist

$$p = \frac{p_0 v_0^k}{v^k} = c v^{-k}$$
$$\frac{dp}{dv} = -k c v^{-k-1} = -k \frac{p}{v}$$
$$\frac{d^2p}{dv^2} = +k(k+1) c v^{-k-2} = +\frac{k(k+1)p}{v^2}.$$

$p_0$, $v_0$, $p$ und $v$ sind ihrer Natur nach positive Größen, ebenso ist $k$, wie angegeben, positiv, auch $v^k$ und $v_0^k$.

Ist $v$ sehr klein, so auch $v^k$; $p$ ist dann sehr groß.

Da $\frac{dp}{dv}$ stets negativ ist, so fällt der Druck mit wachsendem Volumen. $\frac{d^2p}{dv^2}$ ist überall positiv, die Kurve also (für positive $p$ und $v$) immer konkav.

$p_0$, $v_0$ bezeichne den Anfangszustand. Es ist interessant, von ihm ausgehend einmal die isotherme $\left(p = \frac{p_0 v_0}{v}\right)$ und in demselben Achsenkreuz die adiabatische $\left(p = \frac{p_0 v_0^k}{v^k}\right)$ Zustandsänderung darzustellen. Das Steigungsmaß $\frac{dp}{dv}$ wird im ersten Fall $= -\frac{p_0 v_0}{v^2} = -\frac{p}{v}$, also für den Ausgangspunkt $= -\frac{p_0}{v_0}$. Im zweiten Fall ist $\frac{dp}{dv} = -\frac{k p_0}{v_0}$, die Adiabate verläuft steiler als die Isotherme.

## 6. Die Potenzkurve.

Die Gleichung der Potenzkurve ist $y = c x^n$. Für $n = 1$ erhält man die Proportionalitätsgerade. $n = 2$ liefert die Parabel ($n = \frac{1}{2}$ die Parabel in anderer Lage), $n = -1$ die gleichseitige Hyperbel, $n = -k$ die Adiabate. Die Potenzkurve umfaßt also fast alle bisher behandelten Linien als Spezialfälle. Bei der Diskussion muß man unterscheiden, ob $n$ ganzzahlig oder gebrochen ist, im ersten Fall kann wieder $n$ gerade oder ungerade, positiv oder negativ sein. Im zweiten

Fall ist neben dem Vorzeichen zu beachten, ob der Zähler oder der Nenner gerade oder ungerade ist. Jedesmal hat man

$$y' = ncx^{n-1} = \frac{ny}{x},$$

eine Formel, die eine leichte Tangentenkonstruktion liefert.

$$y'' = n(n-1)cx^{n-2} = \frac{n(n-1)y}{x^2}$$

gestattet uns, über die konvexe oder konkave Gestalt der Kurve zu entscheiden und den Krümmungsradius zu bestimmen. Ist $n$ größer als 2 und ungerade, so ist $x = 0$, $y = 0$ ein Wendepunkt.

## Aufgaben.[1])

**125.** In dasselbe Koordinatensystem sollen die Kurven $y = x$; $y = x^3$; $y = x^5$ usw. gezeichnet werden. In welchen Punkten schneiden sich alle? Was ist an ihrer Gestalt gemeinsam, was verschieden? Man vergleiche den Teil, welcher positiven Werten von $x$ entspricht, mit dem, welcher negative Abszissen hat.

**126.** Dieselben Aufgaben sind für $y = x^2$; $y = x^4$; $y = x^6$ usw. zu lösen.

**127.** Warum ist die Untersuchung von $y = x^{\frac{1}{2}}$; $y = x^{\frac{1}{3}}$; $y = x^{\frac{1}{4}}$ usf. nach Lösung der vorigen Aufgaben besonders einfach?

**128.** Es soll $y = x^{-1}$; $y = x^{-3}$; $y = x^{-5}$; ...; $y = x^{-2}$; $y = x^{-4}$; $y = x^{-6}$; ... behandelt werden.

**129.** $y = x^{-\frac{1}{2}}$; $y = x^{-\frac{1}{3}}$; $y = x^{-\frac{1}{4}}$ usw.

**130.** $y = x^{\frac{3}{4}}$; $y = x^{-\frac{3}{4}}$; $y = x^{\pm \frac{2}{5}}$; $y = x^{\pm \frac{3}{5}}$ u. dgl.

**131.** Man zeichne die Neilsche oder semikubische Parabel $y = ax^{\frac{3}{2}}$ und berechne für einige Punkte das Steigungsmaß der Tangente und den Krümmungsradius. Bei Trägern von gleichem Widerstand gegen Biegung kann die Begrenzung des Längsschnittes eine semikubische Parabel sein.

**132.** Ein Gas nimmt bei 1 Atmosphäre Druck den Raum $v_0 = 6$ Liter ein. Der Zusammenhang zwischen Druck und Volumen soll graphisch verfolgt werden a) bei isothermem, b) bei adiabatischem, c) bei polytropischem Verlauf der Kompression und Expansion. Die Polytrope unterscheidet sich nur dadurch von der Adiabate, daß der Exponent

---

[1]) Bei der Lösung wird der auf S. 37 erwähnte Potenzrechenschieber die besten Dienste leisten.

nicht $k$, sondern $n$ ist, wobei $n$ im allgemeinen zwischen 1 und $k$ liegt (z. B. $n = 1,1$; $1,2$; $1,3$). Wie stark muß in jedem Fall der Druck sein, damit das Volumen nur noch 1 l beträgt?

**133.** Ist $v_0$ das Anfangsvolumen eines Gases, $T_0$ die (absolute) Anfangstemperatur und entsprechen $v$ und $T$ dem Endzustand, so gilt bei der polytropischen Zustandsgleichung die Beziehung
$$T = T_0 \left(\frac{v_0}{v}\right)^{n-1}.$$
Man nehme $v_0 = 6$ l, $T_0 = 290°$ ($= 17°$ C) an und zeichne die $T$=$v$=Kurve.

**134.** Der Druck des gesättigten Kohlendioxyddampfes ist $p = 2{,}967 \left(\frac{T}{100} - 1\right)^{4{,}525}$ kg/qcm, wobei $t$ die absolute Temperatur (Celsiusgrade + 273) bedeutet. (g.)

**135.** Für abiabatische Zustandsänderungen des überhitzten Wasserdampfes ist nach der „Hütte"
$$\frac{p}{T^{\frac{18}{8}}} = \frac{p_0}{T_0^{\frac{18}{8}}}; \quad T(v - 0{,}001)^{0{,}3} = T_0(v_0 - 0{,}001)^{0{,}3}; \quad p(v - 0{,}001)^{1{,}3}$$
$= p_0(v_0 - 0{,}001)^{1{,}3}$. Weitere Beispiele finden sich in der Theorie des Wärmeüberganges, bei Ausflußformeln für Luft und gesättigten Wasserdampf usw.

### 7. Die Kegelschnitte.

Wird ein Kegel durch eine Ebene geschnitten, so entsteht, je nach der Lage der schneidenden Ebene, ein Kreis, eine Ellipse, eine Parabel, eine Hyperbel oder eine Gerade. Der Leser, welcher sich für diese technisch wichtigen Kurven interessiert, wird auf Cranz, Analytische Geometrie (ANuG 504) verwiesen, da eine eingehende Besprechung hier zu weit führen würde.

**Der Kreis.** Legt man durch den Mittelpunkt $O$ (Fig. 30a) ein Koordinatensystem so gilt die Beziehung $x^2 + y^2 = a^2$.

Man kann diese Gleichung auch zerlegen in
$$x = a \cos \varphi; \quad y = a \sin \varphi.$$
Es ist zweckmäßig, diese Darstellung, bei der $x$ und $y$ durch den vermittelnden Parameter $\varphi$ ausgedrückt werden, der Rechnung zugrunde zu legen.

Die selbstverständliche Gleichung $\frac{\Delta y}{\Delta x} = \left(\frac{\Delta y}{\Delta \varphi}\right) : \left(\frac{\Delta x}{\Delta \varphi}\right)$ geht im Grenzfall über in $\frac{dy}{dx} = \left(\frac{dy}{d\varphi}\right) : \left(\frac{dx}{d\varphi}\right)$.

IV. Anwendung der Differentialrechnung usw.

In unserm Fall ist $\frac{dy}{d\varphi} = a\cos\varphi$; $\frac{dx}{d\varphi} = -a\sin\varphi$; $\frac{dy}{dx} = -\operatorname{ctg}\varphi$.
Konstruiert man auf $OP$ in $P$ die Senkrechte, welche die X-Achse in $T$ unter dem Winkel $\alpha$ trifft, so ist $\operatorname{tg}\alpha = -\operatorname{tg}(180^0-\alpha) = -\frac{OP}{PT} = -\operatorname{ctg}\varphi$.

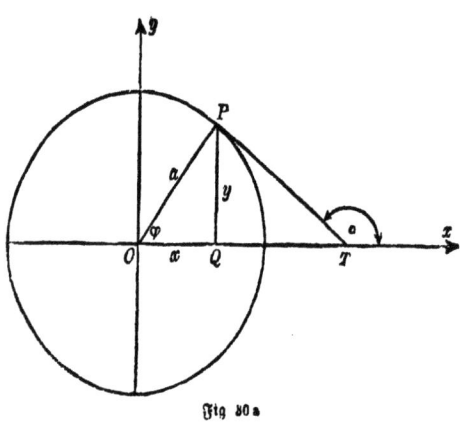

Fig. 30 a

Die Senkrechte auf dem Radius im Berührungsradius ist also gerade die gesuchte Tangente.

In dem rechtwinkligen Dreieck $OPT$ ist $OT \cdot OQ = OP^2$; $OT \cdot x = a^2$; $OT = \frac{a^2}{x}$.

Da $y' = \frac{dy}{dx} = -\operatorname{ctg}\varphi$ ist, so wird

$\frac{dy'}{d\varphi} = \frac{1}{\sin^2\varphi}$; $y'' = \frac{dy'}{dx} = \left(\frac{dy'}{d\varphi}\right) : \left(\frac{dx}{d\varphi}\right) = \frac{1}{\sin^2\varphi} : (-a\sin\varphi) = -\frac{1}{a\sin^3\varphi}$.

Für den Krümmungsradius bekommt man

$\varrho = \frac{\sqrt{[1+(y')^2]^3}}{y''} = \sqrt{(1+\operatorname{ctg}^2\varphi)^3} : \left(-\frac{1}{a\sin^3\varphi}\right) = -\sqrt{\left(1+\frac{\cos^2\varphi}{\sin^2\varphi}\right)^3} \cdot a\sin^3\varphi$.

$\varrho = -\sqrt{\left(\frac{\sin^2\varphi+\cos^2\varphi}{\sin^2\varphi}\right)^3} \cdot a\sin^3\varphi = -\sqrt{\left(\frac{1}{\sin^2\varphi}\right)^3} \cdot a\sin^3\varphi = -a$.

Der Krümmungsradius ist also konstant, wie es beim Kreise sein muß.

**Die Ellipse.** Die Ellipse entsteht aus dem Kreise, wenn man die zu irgend einer Abszisse $x$ gehörige Ordinate jedesmal in einem bestimmten festen Verhältnis $\left(\frac{b}{a}\right)$ verkleinert. Ihre Gleichungen sind daher $x = a\cos\varphi$; $y = \frac{b}{a} \cdot a\sin\varphi = b\sin\varphi$. Hieraus ergibt sich $\frac{x^2}{a^2} + \frac{y^2}{b^2} = 1$. $\frac{dy}{dx} = -\frac{b}{a}\operatorname{ctg}\varphi$. Die Ellipsentangente in $P$ schneide die X-Achse in $T$. Es wird $OT = OQ + QT$. Nun ist aber $OQ = x = a\cos\varphi$ und

## Kegelschnitte

$$QT = \frac{PQ}{\operatorname{tg}(180°-\alpha)} = -\frac{y}{\operatorname{tg}\alpha} = +\frac{b\sin\varphi}{\dfrac{b}{a}\operatorname{ctg}\varphi} = \frac{a\sin^2\varphi}{\cos\varphi}$$

$$OT = a\cos\varphi + \frac{a\sin^2\varphi}{\cos\varphi} = \frac{a\cos^2\varphi + a\sin^2\varphi}{\cos\varphi} = \frac{a}{\cos\varphi} = \frac{a^2}{x}.$$

Die Ellipsentangente trifft also die $X$-Achse in demselben Punkte wie die Tangente des Hauptkreises (mit $a$ um $O$), deren Berührungspunkt $P'$ dieselbe Abszisse hat wie der Berührungspunkt der Ellipsentangente; man konstruiert sie leicht, wenn man zuerst die entsprechende Kreistangente hinzeichnet. (Fig. 30b.)

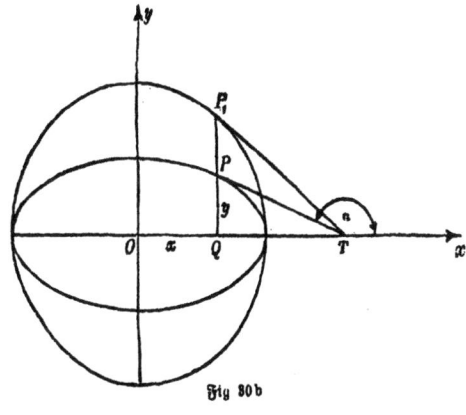

Fig. 30b

$$y' = \frac{dy}{dx} = -\frac{b}{a}\operatorname{ctg}\varphi;\quad \frac{dy'}{d\varphi} = \frac{b}{a}\cdot\frac{1}{\sin^2\varphi};\quad \frac{dx}{d\varphi} = -a\sin\varphi;$$

$$y'' = \frac{dy'}{dx} = -\frac{b}{a^2}\cdot\frac{1}{\sin^3\varphi}$$

$$\varrho = \frac{\sqrt{[1+(y')^2]^3}}{y''} = \sqrt{\left[1+\frac{b^2}{a^2}\frac{\cos^2\varphi}{\sin^2\varphi}\right]^3}\cdot\left(-\frac{a^2}{b}\sin^3\varphi\right) =$$

$$= \sqrt{\frac{(a^2\sin^2\varphi + b^2\cos^2\varphi)^3}{a^6\sin^6\varphi}}\left(-\frac{a^2}{b}\sin^3\varphi\right)$$

$$\varrho = \sqrt{(a^2\sin^2\varphi + b^2\cos^2\varphi)^3}\cdot\frac{1}{a^3\sin^3\varphi}\left(-\frac{a^2}{b}\sin^3\varphi\right) =$$

$$= -\frac{1}{ab}\sqrt{(a^2\sin^2\varphi + b^2\cos^2\varphi)^3}.$$

54  IV. Anwendung der Differentialrechnung usw.

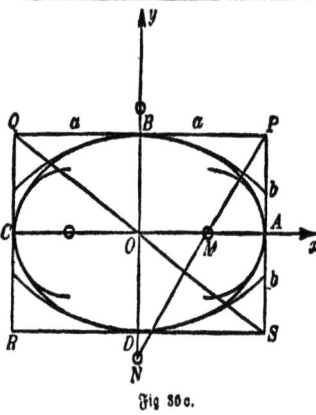

Fig. 30c.

Für den Scheitelpunkt $A$ hat man $\varphi=0$, $\varrho=-\dfrac{b^2}{a}$, für $B$ ist $\varphi=90°$, $\varrho=-\dfrac{a^2}{b}$.

Umschreibt man der Ellipse ein Rechteck $PQRS$, dessen Seiten die Kurve in den Scheitelpunkten berühren, zieht in ihm eine Diagonale $QS$ und fällt auf sie von der gegenüberliegenden Ecke $P$ aus das Lot, so schneidet es die Achsen $AC$ und $BD$ in den Krümmungsmittelpunkten $M$ (zu $A$ gehörig) und $N$ (zu $B$ gehörig). Der Beweis wird durch Vergleichung der ähnlichen Dreiecke $PMA$, $NBP$ und $QSP$ geliefert.

**Die Hyperbel.** Die Gleichung der Hyperbel lautet $\dfrac{x^2}{a^2}-\dfrac{y^2}{b^2}=1$. Während bei der Ellipse die trigonometrischen Funktionen eine gute Parameterdarstellung geben, kann man hier mit Vorteil die Hyperbelfunktionen anwenden; man setzt

$$x = a\,\mathfrak{Cos}\,\varphi,\ y = b\,\mathfrak{Sin}\,\varphi\ \text{(vgl. Aufg. 112 auf S. 39)}$$

$$\frac{dy}{dx}=\frac{dy}{d\varphi}:\frac{dx}{d\varphi}=b\,\mathfrak{Cos}\,\varphi:a\,\mathfrak{Sin}\,\varphi=\frac{b}{a}\mathfrak{Ctg}\,\varphi$$

Die Hyperbeltangente in $P$ schneide die X-Achse in $T$ unter dem Winkel $\alpha$. (Fig. 30d.)

$$OT = OQ - QT = x - \frac{y}{\mathrm{tg}\,\alpha} = a\,\mathfrak{Cos}\,\varphi - \frac{b\,\mathfrak{Sin}\,\varphi}{\dfrac{b}{a}\mathfrak{Ctg}\,\varphi} =$$

$$= a\,\mathfrak{Cos}\,\varphi - \frac{a\,\mathfrak{Sin}^2\varphi}{\mathfrak{Cos}\,\varphi} = \frac{a\,\mathfrak{Cos}^2\varphi - a\,\mathfrak{Sin}^2\varphi}{\mathfrak{Cos}\,\varphi} = \frac{a}{\mathfrak{Cos}\,\varphi} = \frac{a^2}{x}.$$

Man beschreibe um $O$ den Kreis mit $OA=a$, sodann konstruiere man den Kreis, welcher $OQ=x$ als Durchmesser hat. Die Gerade, welche die Schnittpunkte der beiden Kreise verbindet, schneidet die Achse in dem Tangentenpunkt $T$. Beweis: Dreieck $ORQ$ ist rechtwinklig; es hat die Höhe $RT$, folglich ist $OT \cdot OQ = OR^2$; $OT = \dfrac{OR^2}{OQ} = \dfrac{a^2}{x}$.

Wächst $\varphi$ ins Unendliche, so auch $x$ (S. 38). Dann wird $\dfrac{a^2}{x}$ unendlich klein; die an einem unendlich fernen Punkt der Hyperbel gelegte Tangente muß durch den Hyperbelmittelpunkt O gehen.

$$\operatorname{tg}\alpha = \frac{b}{a}\operatorname{Ctg}\varphi = \frac{b}{a} \cdot \frac{e^{\varphi}+e^{-\varphi}}{e^{\varphi}-e^{-\varphi}}.$$

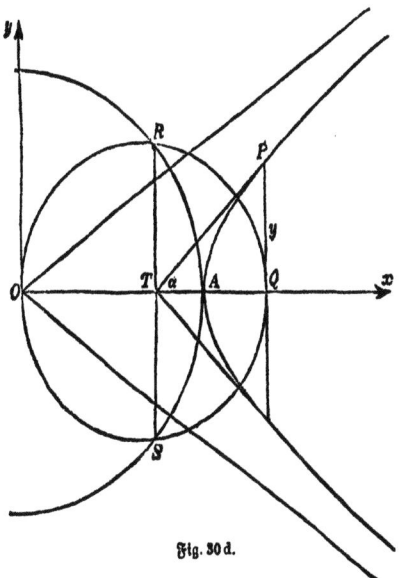

Fig. 30d.

Dividiert man Zähler und Nenner durch $e^{\varphi}$, so erhält man

$$\operatorname{tg}\alpha = \frac{b}{a}\frac{1+e^{-2\varphi}}{1-e^{-2\varphi}}.$$

Für $\varphi = \infty$ wird $e^{-2\varphi}$ gleich 0, also $\operatorname{tg}\alpha = \dfrac{b}{a}$. Dies ist das Steigungsmaß der Hyperbeltangenten in der Unendlichkeit, der Asymptoten.

Für den Radius des Krümmungskreises findet man

$$\varrho = \frac{1}{ab}\sqrt{(a^2\operatorname{Sin}^2\varphi + b^2\operatorname{Cos}^2\varphi)^3}.$$

In dem Rechteck $PQRS$, dessen Seiten $2a$ und $2b$ sind, läßt sich der Krümmungsradius des Hyperbelscheitels wie bei der Ellipse konstru-

IV Anwendung der Differentialrechnung usw

ieren, nur muß er nach der entgegengesetzten Seite abgetragen werden; gleichzeitig sind $PR$ und $QS$ Asymptoten. (Fig. 30e.)

Setzt man $a = b$, so geht die Ellipse in den Kreis, die gewöhnliche in die gleichseitige Hyperbel über. In dem jetzt gewählten Achsensystem hat diese aber eine andere Lage als früher (S. 47f.)

Fig. 30e.

## 8. Die Kreisevolvente.

Um einen Kreis sei ein undehnbarer Faden gelegt. Er sei an einem Ende fest, das andere werde abgewickelt. Die Kurve, die es dabei beschreibt, nennt man Kreisevolvente. Es wird vorausgesetzt, daß der Faden straff gespannt wird, so daß der abgewickelte Teil in jeder einzelnen Lage eine Gerade bildet.

Die X-Achse werde durch den Kreisradius gebildet, der das freie Ende des Fadens in seiner Anfangslage mit dem Mittelpunkt verbindet.

Nach Fig. 30f ist
$x = MR = MS + TP,$
$MS = a \cos \varphi,$
$TP = QP \sin \varphi.$

Das abgewickelte Stück $QP$ ist aber gleich dem Kreisbogen $QU = a\varphi,$
benn der Faden hat, weil undehnbar, bei der Abwicklung seine ursprüngliche Länge behalten.

$x = a \cos \varphi + a \varphi \sin \varphi$
$y = PR = QS - QT$
$y = a \sin \varphi - a \varphi \cos \varphi.$

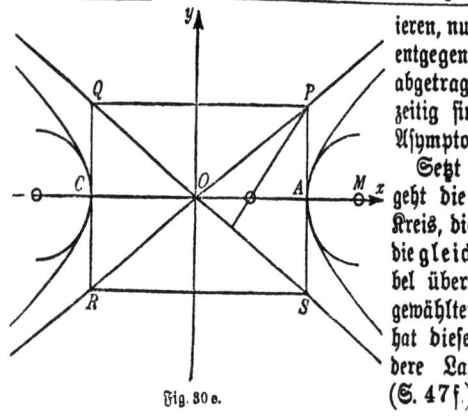

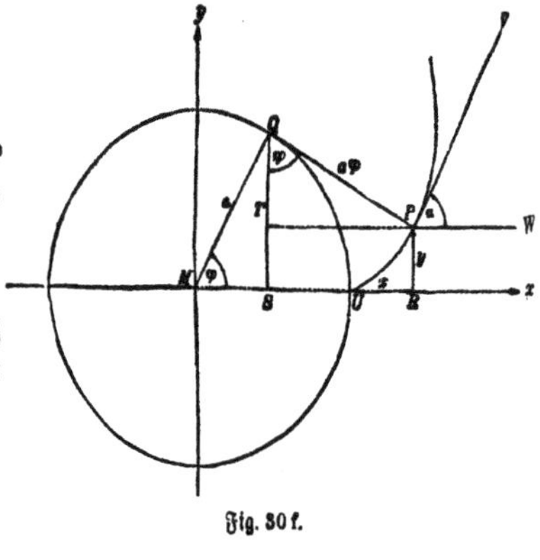

Fig. 30f.

Hier ist $\dfrac{dy}{d\varphi} = a\cos\varphi - a[1\cdot\cos\varphi + \varphi(-\sin\varphi)] = a\varphi\sin\varphi$

$\dfrac{dx}{d\varphi} = -a\sin\varphi + a[1\cdot\sin\varphi + \varphi\cos\varphi] = a\varphi\cos\varphi$

$\dfrac{dy}{dx} = \dfrac{\sin\varphi}{\cos\varphi} = \text{tg }\varphi.$

Das Steigungsmaß der Tangente, tg $\alpha$, ist $= \dfrac{dy}{dx} = \text{tg }\varphi$, es muß also $\alpha = \varphi$ sein. Die Tangente $PV$ muß dem Kreisradius $MQ$ parallel sein und daher auf der Kreistangente $PQ$ senkrecht stehen.

Wickelt man den Faden nur ganz wenig weiter ab, so beschreibt $P$ nahezu einen Kreisbogen mit $PQ$ als Radius und $Q$ als Mittelpunkt, und da die Kreistangente auf dem Berührungsradius senkrecht steht, so ist die Rechnung geometrisch bestätigt. Zugleich finden wir so den Krümmungsradius $= PQ = a\varphi$. Die Rechnung ergibt

$$1 + y'^2 = 1 + \text{tg}^2\varphi = 1 + \dfrac{\sin^2\varphi}{\cos^2\varphi} = \dfrac{\sin^2\varphi + \cos^2\varphi}{\cos^2\varphi} = \dfrac{1}{\cos^2\varphi}$$

$$(1 + y'^2)^{\frac{3}{2}} = \dfrac{1}{\cos^3\varphi}$$

$$\dfrac{d(y')}{d\varphi} = \dfrac{1}{\cos^2\varphi}, \quad \dfrac{dx}{d\varphi} = a\varphi\cos\varphi,$$

also durch Division $\dfrac{d(y')}{d\varphi} : \dfrac{dx}{d\varphi} = \dfrac{d(y')}{dx} = y'' = \dfrac{1}{a\varphi\cos^3\varphi}$

$$\varrho = \dfrac{(1+y'^2)^{\frac{3}{2}}}{y''} = a\varphi.$$

Die Benutzung der Krümmungskreise erleichtert hier die Konstruktion sehr.

Anwendung findet die Kreisevolvente bei Verzahnungen.

### 9. Die gewöhnliche Zykloide.

Die Profile der Zähne bei Verzahnungen können auch Zykloiden sein. Rollt ein Kreis auf einer Geraden ohne zu gleiten, so beschreibt ein Punkt seiner Peripherie eine gewöhnliche Zykloide.

In Fig. 31 rolle der Kreis mit dem Radius $a$ auf der $X$-Achse, der betrachtete Punkt befinde sich zuerst in $O$, nachdem sich der Kreis um den Wälzungswinkel $\varphi$ gedreht hat, in $P$. Dann ist

$x = OQ = OR - PS = \widehat{PR} - PS = a\varphi - a\sin\varphi$
$y = PQ = MR - MS = a - a\cos\varphi$
$\dfrac{dy}{d\varphi} = a\sin\varphi = 2a\sin\dfrac{\varphi}{2}\cos\dfrac{\varphi}{2}$

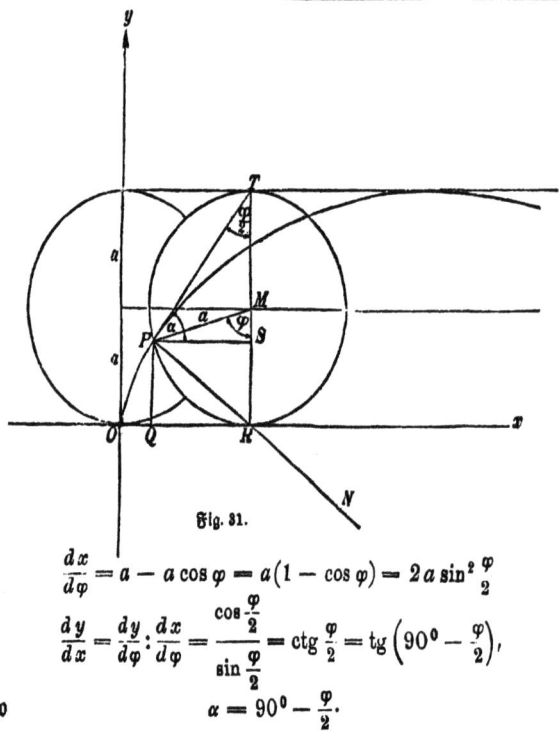

Fig. 31.

$$\frac{dx}{d\varphi} = a - a\cos\varphi = a(1 - \cos\varphi) = 2a\sin^2\frac{\varphi}{2}$$

$$\frac{dy}{dx} = \frac{dy}{d\varphi} : \frac{dx}{d\varphi} = \frac{\cos\frac{\varphi}{2}}{\sin\frac{\varphi}{2}} = \operatorname{ctg}\frac{\varphi}{2} = \operatorname{tg}\left(90^0 - \frac{\varphi}{2}\right),$$

also
$$\alpha = 90^0 - \frac{\varphi}{2}.$$

Demnach ist $PT$ die Tangente und $PR$ die Normale. $T$ und $R$ sind die Endpunkte des zur Abszissenachse senkrechten Durchmessers. Ist nur $P$, nicht die momentane Lage des Mittelpunktes $M$ gegeben, so wird dieser leicht gefunden, indem man zu $OX$ die Parallele im Abstande $a$ zieht (denn auf dieser bewegt sich der Mittelpunkt beim Abrollen des Kreises) und um $P$ den Kreis mit $a$ beschreibt.

Aus $\triangle TPR$ findet man die Länge der Normale $PR = 2a\sin\frac{\varphi}{2}$.

$$\frac{d(y')}{d\varphi} = -\frac{1}{2} \cdot \frac{1}{\sin^2\frac{\varphi}{2}}, \qquad \frac{dx}{d\varphi} = 2a\sin^2\frac{\varphi}{2},$$

somit
$$\frac{d(y')}{d\varphi} : \frac{dx}{d\varphi} = \frac{d(y')}{dx} = y'' = -\frac{1}{4a\sin^4\frac{\varphi}{2}}.$$

## Zykloide

Da der Nenner stets positiv ist, ist die Kurve stets nach „oben" konvex.

$$\varrho = \sqrt{\left(1 + \operatorname{ctg}^2 \frac{\varphi}{2}\right)^3} : \left(-\frac{1}{4a \sin^4 \frac{\varphi}{2}}\right).$$

Ähnlich wie auf S. 57 findet man für den Zähler

$$\sqrt{\left(1 + \operatorname{ctg}^2 \frac{\varphi}{2}\right)^3} = \frac{1}{\sin^3 \frac{\varphi}{2}},$$

daher, vom Vorzeichen abgesehen,

$$\varrho = \frac{1}{\sin^3 \frac{\varphi}{2}} : \frac{1}{4a \sin^4 \frac{\varphi}{2}} = 4a \sin \frac{\varphi}{2} = 2PR.$$

Der Krümmungsmittelpunkt $N$ wird erhalten, wenn man die Normale um sich selbst verlängert.

**Beispiel 11.** Ein fester Kreis habe den Radius $R$, auf ihm rolle ein beweglicher mit dem Radius $r$. Ein Punkt der Peripherie des zweiten beschreibt eine **Epizykloide**, wenn die Berührung äußerlich, eine **Hypozykloide**, wenn sie innerlich ist. Legt man die X-Achse durch den Mittelpunkt des festen Kreises und durch den erzeugenden Punkt, wenn dieser gerade auf dem festen Kreise liegt, und bezeichnet man den Wälzungswinkel des Rollkreises (vgl. Fig. 31) mit $\varphi$, so ist für die Epizykloide

$$x = (R+r) \cos\left(\frac{r}{R}\varphi\right) - r \cos\left(\frac{R+r}{R}\varphi\right)$$

$$y = (R+r) \sin\left(\frac{r}{R}\varphi\right) - r \sin\left(\frac{R+r}{R}\varphi\right)$$

und für die Hypozykloide

$$x = (R-r) \cos\left(\frac{r}{R}\varphi\right) + r \cos\left(\frac{R-r}{R}\varphi\right)$$

$$y = (R-r) \sin\left(\frac{r}{R}\varphi\right) - r \sin\left(\frac{R-r}{R}\varphi\right).$$

Man beweise, daß die Kurvennormale stets durch den momentanen Berührungspunkt beider Kreise geht. Die Epi- und Hypozykloide lassen sich besonders einfach studieren, wenn man ein kleines Stück des festen Kreises als eben ansieht.

### 10. Gedämpfte Schwingungen.

Bringt man einen elastischen Körper aus seiner Ruhelage, so entstehen in ihm Spannungskräfte, die der gewaltsam herbeigeführten Deformation proportional sind. Hört die äußere Kraft auf zu wirken,

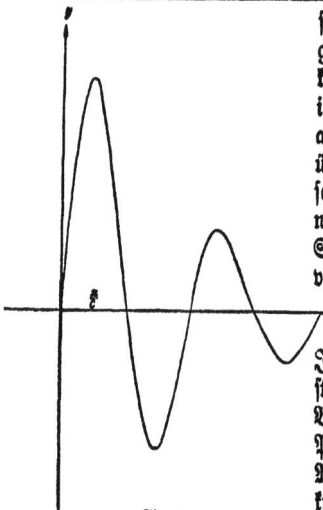

Fig. 32.

so versetzen sie ihn in schwingende Bewegung (angestrichene Stimmgabel). Man kann diese Bewegung sichtbar machen, indem man sie durch einen an dem Körper angebrachten Schreibstift auf eine Platte überträgt, die mit gleichbleibender Geschwindigkeit fortgezogen wird. Wirkte nur die elastische Kraft, so würde die Schwingung sich dauernd in gleicher Weise vollziehen. Die Mechanik lehrt, daß dann auf der Schreibfläche eine Sinuslinie entstehen würde. In Wirklichkeit treten Reibungswiderstände auf, z. B. an der Luft und an der Berührungsfläche von Schreibstift und Papier, die die Schwingungen dämpfen. Man erhält dann, wenn die Dämpfungskraft ein gewisses Maß nicht überschreitet, eine Kurve von der Gleichung

$$y = ae^{-bx}\sin(cx);$$

$a$, $b$ und $c$ sind Konstanten, die durch die Versuchsanordnung gegeben sind. Wir können sie sämtlich als positiv annehmen.

Läßt man $x$ von 0 bis ins Unendliche wachsen, so ist $e^{-bx}$ stets endlich und für endliche Werte von $x$ auch von 0 verschieden; $y$ verschwindet stets, wenn der Faktor $\sin(cx)$ gleich 0 wird, also für $x = 0$, $x = \dfrac{\pi}{c}$, $\dfrac{2\pi}{c}$ usw., aber auch nur dann. Die Zeit, welche zwischen zwei Durchgängen durch die Ruhelage verfließt, ist die halbe Schwingungsdauer. Da die Schreibplatte gleichmäßig fortbewegt werden soll, sind die Wege $x$ den Zeiten $t$ proportional; und weil diese Wege von einer Ruhelage zur anderen den gleichen Wert $\dfrac{\pi}{c}$ besitzen, so sind die halben, also auch die ganzen Schwingungszeiten gleich groß.

$y'$ wird nach der Produktenregel gefunden. $y = a \cdot uv$; $u = e^{-bx}$,
$u' = -be^{-bx}$; $v = \sin(cx)$, $v' = c\cos(cx)$
$$y' = a\frac{d(uv)}{dx} = a(u'v + v'u) = a[-be^{-bx} \cdot \sin(cx) + c \cdot \cos(cx)e^{-bx}]$$
$$y' = ae^{-bx}[c \cdot \cos(cx) - b\sin(cx)].$$

Für $x=0$ wird $y'=ac$, also positiv, die Kurve steigt. Wächst $x$ so nimmt sowohl $e^{-bx}$ wie auch der Klammerausdruck ab, die Kurve steigt schwächer. Für $c\cdot\cos(cx)-b\sin(cx)=0$, also $\operatorname{tg}(cx)=\dfrac{c}{b}$, $x=\dfrac{1}{c}\operatorname{arctg}\left(\dfrac{c}{b}\right)$ verschwindet $y'$, die Kurve hat ihren höchsten Punkt erreicht. Von da an wird $y'$ negativ, für $x=\dfrac{\pi}{c}$ erhält man
$$y'=-ace^{-\frac{b\pi}{c}}.$$
Die weitere Untersuchung ist analog.

Ist $y$ der zu der Abszisse $x$ gehörige Ausschlag (Ordinate), so gehört zu
$$x_1=x+\frac{2\pi}{c}\text{ der Wert }y_1=ae^{-bx-\frac{2\pi b}{c}}\sin(cx+2\pi)$$
$$y_1=e^{-\frac{2\pi b}{c}}\cdot ae^{-bx}\cdot\sin(cx)=e^{-\frac{2\pi b}{c}}y.$$

Während bei der Sinuslinie $y=a\sin(cx)$, die der ungedämpften Schwingung entspricht, die Ordinaten nach Verlauf der Schwingungsdauer wieder genau denselben Wert besitzen, sind sie hier im Maßstab $1:e^{\frac{2\pi b}{c}}$ verkleinert. Auch für $x_1=x+\dfrac{\pi}{c}$ läßt sich $y_1$ leicht ermitteln. Die Ausschläge werden immer kleiner, die Kurve nähert sich für größere Werte von $x$ immer mehr der Abszissenachse.

## Aufgaben.

**136.** Man zeichne in dasselbe Achsenkreuz die Kurven $y=a\sin(cx)$; $y=ae^{-bx}$; $y=ae^{-bx}\sin(cx)$, vergleiche ihre Gestalt und bestimme ihre Schnittpunkte.

**137.** Der Verlauf der allgemeinen Sinuslinie $y=a\sin(cx)$ soll untersucht werden (Schnittpunkte mit der X-Achse, Steigungsmaß der Tangenten, Wendepunkte, Krümmungsradien).

**138.** Ebenso soll die Kurve $y=ae^{-bx}$ behandelt werden.

**139.** $y=ae^{+bx}$ soll diskutiert werden.

**140.** Die Gleichung der Kettenlinie ist $y=\dfrac{m}{2}\left(e^{\frac{x}{m}}+e^{-\frac{x}{m}}\right)$, wenn $m$ eine gegebene Strecke ist. Welches sind ihre wichtigsten Eigenschaften?

**141.** Man untersuche die durch die Gleichung $y=ae^{-bx}(e^{cx}-e^{-cx})$ charakterisierte aperiodische Bewegung.

**142.** Ebenso ist $y=axe^{-bx}$ zu behandeln.

## Fünftes Kapitel.
# Reihen.

Konnte das vorige Kapitel uns die ungemein fruchtbare Anregung vor Augen führen, welche die Geometrie von der Differentialrechnung erhielt, so wenden wir uns jetzt ihrer Einwirkung auf die Analysis, den rechnenden Teil der Mathematik, zu. Und dies ist notwendig, denn wir haben Gebilde der Geometrie, z. B. die Zykloide, analytisch durch Gleichungen dargestellt, kamen dabei aber auf nicht mehr elementare Funktionen. Können diese (in unserem Beispiel die trigonometrischen) auch näherungsweise leicht bestimmt werden und sind sie selbst mit größerer Genauigkeit in Tabellen niedergelegt, so darf man sich dabei natürlich nicht beruhigen, sondern muß suchen, sie aus eigener Kraft zu entwickeln, d. h. einen Weg zu finden, der gestattet, sie mit beliebiger Genauigkeit für jeden Wert der unabhängigen Veränderlichen zu berechnen. Wäre dies nicht möglich, hätte man keine ganz genaue Kenntnis der auftretenden Funktionen, so wäre das in Angriff genommene Problem (z. B. die Diskussion der Rollbewegung) durch die analytische Einkleidung unklarer geworden, und man hätte besser getan, es rein geometrisch zu behandeln.

Die als notwendig erkannte Aufgabe der möglichst einfachen Funktionsdarstellung löst die Differentialrechnung durch **Reihenentwicklung**, ein Hilfsmittel, das wir schon bei der Ableitung des binomischen Satzes und der Berechnung der Zahl $e$ kennen gelernt haben. Eine **Reihe** ist eine Folge von Größen, die nach einem bestimmten Gesetz gebildet sind. Man spricht z. B. von einer **geometrischen Reihe**[1], wenn jedes Glied aus dem vorhergehenden durch Multiplikation mit einem konstanten Faktor $q$ gebildet ist. Ist das Anfangsglied $a$, so heißt die Reihe
$$a,\ aq,\ aq^2,\ aq^3 \ldots aq^n\ (n+1\ \text{Glieder}).$$

Wir untersuchen den einfachen Fall, daß $a = 1$ ist, also die Reihe
$$1,\ q,\ q^2,\ q^3,\ \cdots q^n.$$

Ist $q = +1$, so sind sämtliche Glieder $= +1$; ist $q = -1$, so wechselt fortwährend $+1$ und $-1$ ab. Reihen, in denen die Vorzeichen von Glied zu Glied wechseln, heißen **alternierend**. Ist $q$ eine positive Zahl, die größer als 1 ist, so wächst $q^n$ über jede vor-

---

[1] Die geometrische Reihe ist ausführlich behandelt in Crantz, Algebra II. (ANuG Bd. 205 § 17—24). Dort findet man auch zahlreiche Übungsaufgaben

gelegte Größe hinaus, wenn nur $n$ genügend groß (und natürlich positiv ganzzahlig) gewählt wird. Ist $q$ ein positiver echter Bruch, so nähert sich $q^n$ mit wachsendem $n$ unbegrenzt dem Werte 0. Man kann nämlich $q = \dfrac{1}{q_1}$ setzen; $q_1$ muß eine positive Zahl sein, die größer als 1 ist. In $q^n = \dfrac{1}{q_1{}^n}$ wird der Nenner beliebig groß, also der Wert beliebig klein, wenn man $n$ genügend groß annimmt. Man sagt in diesem Falle, $q^n$ konvergiere mit wachsendem $n$ gegen 0.

Gibt man der Größe $q$ ein negatives Vorzeichen, so bleiben die Betrachtungen dieselben, nur ändern sich bei jeder Multiplikation die Vorzeichen. Wenn $q$ ein negativer echter Bruch ist, so konvergiert auch hier $q^n$ gegen 0. So nehmen bei den gedämpften Schwingungen (S. 59 f.) die größten Ausschläge in Form einer geometrischen Reihe $(q = -e^{-\frac{\pi b}{c}})$ ab und werden allmählich unendlich klein.

Es liege jetzt $q$ unter $-1$, dann überschreitet $q^n$, abgesehen vom Vorzeichen, mit wachsendem $n$ jede Grenze.

An dieser Stelle werde die Definition des „absoluten Betrages" eingeführt. Darunter verstehen wir den Wert einer Zahl, losgelöst vom Vorzeichen. So ist der absolute Betrag von $+3$ und auch von $-3$ gleich 3. Damit $q^n$ mit wachsendem $n$ gegen Null konvergiere, muß der absolute Betrag von $q$ kleiner als 1 sein.

Die Summe der endlichen geometrischen Reihe
$$s = a + aq + aq^2 + \cdots + aq^n$$
findet man leicht, wenn man diese Gleichung mit $q$ multipliziert und das erhaltene Resultat von $s$ subtrahiert.
$$sq = aq + aq^2 + \cdots + aq^n + aq^{n+1}$$
$$s - sq = a - aq^{n+1}.$$
Die mittleren Glieder vernichten sich nämlich gegenseitig.
$$s(1-q) = a(1 - q^{n+1}); \quad s = \frac{a}{1-q} \cdot (1 - q^{n+1}).$$

Diese Formel ist stets richtig, wenn $n$, $a$ und $q$ endliche Zahlen sind und $n$ außerdem positiv und ganzzahlig ist. Ist z. B.
$$a = 2, \ q = 3, \ n = 5,$$
so hat man
$$s = 2 + 2 \cdot 3 + 2 \cdot 3^2 + 2 \cdot 3^3 + 2 \cdot 3^4 + 2 \cdot 3^5 = \frac{2}{1-3}(1 - 3^6).$$

Links und rechts erhält man als Summe 728.

Für einen unendlich großen Wert von $a$ oder $q$ verliert die Summe ihre Bedeutung. Wächst $n$ über alle Grenzen, so muß man unterscheiden, ob der absolute Betrag von $q$ größer, gleich oder kleiner als 1 ist. Nur der letzte Fall interessiert uns hier; denn dann konvergiert $q^n$, also auch $q^{n+1}$ gegen 0. Man schreibt dafür auch
$$\lim [q^n]_{n=\infty} = 0,$$
wobei lim das Abkürzungszeichen für limes, Grenzwert, ist.

Wir haben also das Ergebnis:

Ist $q$ ein positiver oder negativer echter Bruch, so hat die Summe
$$s = a + aq + aq^2 + aq^3 + \cdots,$$
wenn $n$ ins Unendliche wächst, einen Grenzwert, und dieser ist
$$s = \frac{a}{1-q}.$$

### Aufgabe.

**143.** Wie groß ist die Summe der unendlichen Reihe
$$s = 1 + \tfrac{1}{2} + \tfrac{1}{4} + \tfrac{1}{8} + \cdots ?$$

Es sei jetzt eine **beliebige Reihe mit lauter positiven Gliedern**
$$a_1,\ a_2,\ a_3, \ldots$$
gegeben, deren Gliederzahl unbegrenzt sei. Damit ihre Summe überhaupt konvergieren kann, ist notwendig, daß sich ihre Glieder immer mehr der Null nähern. Wäre dies nämlich nicht der Fall, existierte eine (wenn auch sehr kleine) Zahl $g$, die von keinem Glied der Reihe unterschritten würde, so wäre

$$s_n = a_1 + a_2 + a_3 + \cdots a_n \quad \text{größer als} \quad g + g + g \cdots + g = ng,$$

und mit wachsendem $n$ würde die letzte Summe, also ganz sicher die gegebene Reihe, bis ins Unendliche wachsen. Konvergiert aber das Endglied der Reihe gegen Null, so ist damit durchaus noch nicht gesagt, daß ihre Summe einem bestimmten endlichen Wert zustrebt. Es läßt sich z. B. leicht nachweisen, daß die Summe
$$s = 1 + \tfrac{1}{2} + \tfrac{1}{3} + \tfrac{1}{4} + \tfrac{1}{5} + \cdots$$
unendlich groß wird. Es ist nämlich $s = 1 + \tfrac{1}{2} + (\tfrac{1}{3} + \tfrac{1}{4}) +$
$+ (\tfrac{1}{5} + \tfrac{1}{6} + \tfrac{1}{7} + \tfrac{1}{8}) + (\tfrac{1}{9} + \cdots + \tfrac{1}{16}) + (\tfrac{1}{17} + \cdots + \tfrac{1}{32}) + \cdots$
Die erste Klammer ist größer als $2 \cdot \tfrac{1}{4} = \tfrac{1}{2}$, die zweite größer als $4 \cdot \tfrac{1}{8} = \tfrac{1}{2}$ usf. Aus der Reihe lassen sich beliebig viele Summanden abspalten, von denen jeder größer als $\tfrac{1}{2}$ ist.

Es gibt viele Kriterien für die Konvergenz der Summe einer vor-

### Konvergenz-Kriterium von Cauchy

gelegten Reihe, von denen das wichtigste der **Cauchysche Satz** ist. Er lautet:

Die Summe $\quad s = a_1 + a_2 + a_3 + \cdots,$

in der $a_1$, $a_2$ usw. lauter positive Zahlen sind, ist sicher konvergent, wenn die Quotienten $\frac{a_2}{a_1}$, $\frac{a_3}{a_2}$ usw. sämtlich kleiner sind als ein bestimmter echter Bruch $q$.

Ist $\frac{a_2}{a_1}$ kleiner als $q$, so folgt daraus, daß $a_2 < a_1 q$ ist; $\frac{a_3}{a_2} < q$ liefert $a_3 < a_2 q$; $a_3$ ist um so mehr kleiner als $(a_1 q) \cdot q = a_1 q^2$ usw. Es folgt durch Addition

$$s_n = a_1 + a_2 + a_3 + \cdots + a_n < a_1 + a_1 q + a_1 q^2 + \cdots + a_1 q^{n-1}$$
$$s_n < a_1 (1 + q + q^2 + \cdots + q^{n-1}).$$

Die Klammer ist aber sicher kleiner als der Grenzwert $\frac{1}{1-q}$, also $s_n < \frac{a_1}{1-q}$. Andererseits ist $s_n$ größer als $a_1$.

Diese Behauptung gilt auch noch dann, wenn die Gliederzahl (bisher $n$) ins Unendliche steigt, die Summe $s$ der Reihe muß unbedingt zwischen $a_1$ und $\frac{a_1}{1-q}$ liegen. Man kann ihren Wert aber auch mit gesteigerter Genauigkeit ermitteln. Aus

$$s = a_1 + a_2 + a_3 + \cdots$$

folgt auch $\quad s < a_1 + a_2 + a_2 q + a_2 q^2 + \cdots$

$$s < a_1 + \frac{a_2}{1-q}$$

$s$ liegt also zwischen $a_1$ und $a_1 + \frac{a_2}{1-q}$.

Der Unterschied der Grenzen für $s$ war vorher

$$\frac{a_1}{1-q} - a_1 = \frac{a_1 - a_1(1-q)}{1-q} = \frac{a_1 q}{1-q},$$

jetzt aber $\quad \left(a_1 + \frac{a_2}{1-q}\right) - a_1 = \frac{a_2}{1-q}.$

Da $a_2$ nach Voraussetzung kleiner als $a_1 q$ ist, so sind die Grenzen näher zusammengerückt.

Ferner ist $\quad s < a_1 + a_2 + \frac{a_3}{1-q},$

die Differenz der Grenzen ist jetzt

$$\left(a_1 + a_2 + \frac{a_3}{1-q}\right) - (a_1 + a_2) = \frac{a_3}{1-q},$$

demnach kleiner als $\frac{a_1 q^2}{1-q}$ usf. Die Grenzen kommen sich beliebig nahe; es existiert nur ein ganz bestimmter endlicher Grenzwert der Summe.

Trifft dies Konvergenz-Kriterium zwar nicht für die ersten, wohl aber für alle einem bestimmten Gliede folgenden Summanden einer Reihe zu, so kann man auch von ihr die Konvergenz behaupten, indem man einfach die ersten Glieder für sich nimmt und als endliche Summe abspaltet und auf den Rest den Cauchyschen Satz anwendet.

Sind die Glieder einer Reihe sämtlich negativ, so setzt man nur das Minuszeichen vor die Klammer und hat in derselben einen Ausdruck, auf den die eben angestellten Betrachtungen sofort angewandt werden können.

Bei einer **alternierenden Reihe** findet schon dann Konvergenz statt, wenn die absoluten Beträge der einzelnen Glieder fortwährend abnehmen und gegen Null konvergieren. Bei Reihen, deren Glieder lauter gleiche Vorzeichen haben, ist, wie wir sahen, diese Bedingung notwendig, aber zum Beweis der Konvergenz nicht ausreichend. Es sei

$$a_1, a_2, a_3, \ldots$$

eine Reihe von absoluten Beträgen, die der genannten Forderung genügen. Wir behaupten die Konvergenz von

$$s = a_1 - a_2 + a_3 - a_4 + a_5 \mp \cdots.$$

Es ist nur eine formale Änderung, wenn man schreibt

1. $\quad s = a_1 - (a_2 - a_3) - (a_4 - a_5) - (\ ) \cdots$
2. $\quad s = (a_1 - a_2) + (a_3 - a_4) + (\ ) + \cdots.$

Nach Voraussetzung ist jeder Klammerinhalt positiv, es folgt aus 1., daß $s$ kleiner als $a_1$ und aus 2., daß $s$ größer als $a_1 - a_2$ ist. $s$ liegt also zwischen zwei Grenzen, die sich um $a_1 - (a_1 - a_2) = a_2$ unterscheiden. Ebenso ist

3. $\quad s = a_1 - a_2 + (a_3 - a_4) + (\ ) \cdots$
4. $\quad s = a_1 - a_2 + a_3 - (a_4 - a_5) - (\ ) \cdots$

$s$ liegt daher zwischen $a_1 - a_2$ und $a_1 - a_2 + a_3$. Die Differenz der Grenzen ist $\quad (a_1 - a_2 + a_3) - (a_1 - a_2) = a_3,$

also enger als vorhin. Fährt man so fort, so kommen sich die obere und untere Grenze für $s$ beliebig nahe, da $a_n$ beliebig klein wird, wenn die Gliederzahl $n$ hinreichend groß gewählt wird.

Ist jeder Quotient einer alternierenden Reihe ein (negativer) echter Bruch, so nehmen die absoluten Beträge der Glieder stets ab, die Reihe konvergiert. Das Cauchysche Konvergenz-Kriterium gilt auch hier.

### Alternierende Reihen. Potenzreihen

Die analytisch wichtigste Form einer Reihe ist die **Potenzreihe**
$$a + bx + cx^2 + ex^3 + \cdots.$$

Es ist klar, daß sie möglicherweise nur für bestimmte Werte von $x$ konvergiert, dagegen für andere Werte der Variabeln ihre Summe sich keinem endlichen Grenzwerte nähert, daß die Reihe dann „**divergiert**".

Es seien zunächst die Größen $a$, $b$, $c$ usf. sämtlich positiv, ebenso $x$. Konvergiert die vorgelegte Reihe für $x = x_0$, so besagt das, daß
$$s = a + bx_0 + cx_0^2 + \cdots + kx_0^n + lx_0^{n+1} + mx_0^{n+2} + px_0^{n+3} + \cdots$$
$$= a + bx_0 + cx_0^2 + \cdots + kx_0^n + R$$
sich mit wachsendem $n$ einem bestimmten Grenzwert mit beliebiger Genauigkeit nähert. Es muß $R$ der Null beliebig nahe kommen. Ist
$$R = x_0^{n+1}(l + mx_0 + px_0^2 + \cdots)$$
kleiner als eine Zahl $\sigma$, so gilt dasselbe von
$$R_1 = x^{n+1}(l + mx + px^2 + \cdots),$$
wenn $x$ zwischen $0$ und $x_0$ liegt, da jedes Glied jetzt kleiner als vorher ist. Ersetzt man $x$ durch $-x$, so bleibt der absolute Betrag des Faktors vor der Klammer derselbe (nur das Vorzeichen kann sich ändern), der absolute Betrag der Klammer wird kleiner, da sich infolge der wechselnden Vorzeichen die Glieder teilweise aufheben, $R$ ist somit auch hier, absolut genommen, kleiner als $\sigma$.

Konvergiert $R$ für $x = x_0$ gegen $0$, so gilt daher dasselbe auch, wenn $x$ irgendeinen Wert zwischen $-x_0$ und $+x_0$ annimmt, d. h. die vorgelegte Reihe konvergiert in diesem Intervall für jedes $x$.

Haben die Koeffizienten $a$, $b$, $c$ usw. der Reihe $a + bx + cx^2 + \cdots$ verschiedene Vorzeichen, und konvergiert
$$|a| + |b|x_0 + |c|x_0^2 \cdots,$$
wobei $|a|$ den absoluten Betrag von $a$ bedeutet, $|b|$ den von $b$ uff., so ist die ursprüngliche Reihe selbstverständlich konvergent, da das Restglied
$$R = x_0^{n+1}(l + mx_0 + px_0^2 + \cdots)$$
sicher kleiner ist als das Restglied der aus den absoluten Beträgen gebildeten Reihe. Man bezeichnet in diesem Falle die Konvergenz der vorgelegten Reihe als absolut. Auch hier findet Konvergenz statt für alle Werte von $x$, deren absoluter Betrag kleiner als $x_0$ ist.

Es seien $x$ und $x + h$ Zahlen innerhalb des Intervalles der absoluten Konvergenz der Reihe
$$f(x) = a + bx + cx^2 + ex^3 + \cdots,$$
dann konvergiert auch
$$f(x + h) = a + b(x + h) + c(x + h)^2 + e(x + h)^3 + \cdots \quad \text{absolut.}$$

$$f(x+h) = a + bx + bh + cx^2 + 2cxh + ch^2 + ex^3 + 3ex^2h$$
$$+ 3exh^2 + eh^3 + \cdots.$$

Es ist gestattet (was sich, wenn auch nicht ganz elementar, nachweisen läßt), die Glieder dieser unendlichen Reihe umzustellen, man hat dann, wenn man nach steigenden Potenzen von $h$ ordnet,
$$f(x+h) = a + bx + cx^2 + ex^3 + \cdots + h(b + 2cx + 3ex^2 + \cdots)$$
$$+ h^2(c + 3ex + \cdots) + h^3(e + \cdots).$$

Die absolute Konvergenz von $f(x+h)$ wäre aber nicht möglich, wenn einer der Bestandteile der Reihe sich anders verhielte, es muß also auch
$$b + 2cx + 3ex^2 + \cdots$$
absolut konvergieren.

Die Bedeutung dieser Funktion ist leicht ersichtlich; es ist
$$f(x+h) = f(x) + h(b + 2cx + 3ex^2 + \cdots) + h^2(\cdots) + h^3(\cdots) + \cdots$$
$$\frac{f(x+h) - f(x)}{h} = b + 2cx + 3ex^2 + \cdots + h(\cdots) + h^2(\cdots) + \cdots.$$

Ersetzt man $h$ durch $\triangle x$, so sieht man, daß der links stehende Ausdruck nichts anderes als der Differenzenquotient $\frac{\triangle f}{\triangle x}$ ist. Um ihn in den Differentialquotienten zu verwandeln, braucht man nur $h$ dem Wert 0 unbegrenzt zu nähern, dann ist
$$\frac{df}{dx} = b + 2cx + 3ex^2 + \cdots.$$

Der Differentialquotient einer absolut konvergenten Potenzreihe wird also genau so wie der einer ganzen rationalen Funktion mit endlicher Gliederzahl gebildet. Er tritt selbst in Form einer Potenzreihe auf, die in demselben Intervall absolut konvergiert, wie die ursprüngliche.

Führt man diese Betrachtungen weiter, indem man von $f'$ ausgeht, so folgen genau entsprechende Sätze über die höheren Ableitungen, z. B. ist
$$f''(x) = 2c + 2 \cdot 3 \cdot ex + \cdots, \quad f'''(x) = 2 \cdot 3 \cdot e + \cdots.$$

Für den speziellen Wert $x = 0$ ergibt sich
$$f(0) = a$$
$$f'(0) = 1 \cdot b$$
$$f''(0) = 1 \cdot 2 \cdot c$$
$$f'''(0) = 1 \cdot 2 \cdot 3 \cdot e \text{ usw.,}$$
so daß man die Reihe schreiben kann
$$f(x) = f(0) + \frac{x}{1} f'(0) + \frac{x^2}{1 \cdot 2} f''(0) + \frac{x^3}{1 \cdot 2 \cdot 3} f'''(0) + \cdots,$$

Dies ist die **Mac-Laurinsche Reihe**. Die Formel zeigt die Bedeutung der Koeffizienten $a$, $b$, $c$ usw. Sie kann aber auch dazu dienen, eine Funktion in Form einer Potenzreihe zu entwickeln, wenn man die speziellen Werte der Funktion und aller ihrer Ableitungen für $x = 0$ kennt.

**Beispiel 12.**[1]) $(1 + x)^n$ soll unter der Voraussetzung entwickelt werden, daß $n$ keine positive ganze Zahl ist.

**Lösung.** $y = (1 + x)^n = z^n$. (Vgl. S. 24, Satz 5.)

Es ist auf S. 25f. nachgewiesen, daß für jedes $n$ die Ableitung $\frac{dy}{dz} = nz^{n-1}$ ist; $\frac{dz}{dx} = 1$; $\frac{dy}{dx} = f'(x) = n(1+x)^{n-1}$.

Ebenso findet man $f''(x) = n(n-1)(1+x)^{n-2}$ usw.; $f(0) = 1$; $f'(0) = n$; $f''(0) = n(n-1)$ usw.;

$$f(x) = (1+x)^n = 1 + \frac{n}{1}x + \frac{n(n-1)}{1 \cdot 2}x^2 + \frac{n(n-1)(n-2)}{1 \cdot 2 \cdot 3}x^3 + \cdots.$$

Man erhält den binomischen Satz scheinbar in derselben Form wie für den Fall der ganzen positiven Exponenten. Der große Unterschied liegt aber darin, daß hier keine der Größen $n, n-1, n-2, n-3 \ldots$ verschwinden kann, wir erhalten eine unendliche Reihe. Ihre Konvergenz wird unter Benutzung des Kriteriums von Cauchy (S. 65) untersucht.

$$\frac{a_2}{a_1} = nx;\ \frac{a_3}{a_2} = \frac{(n-1)x}{2};\ \frac{a_4}{a_3} = \frac{(n-2)x}{3}$$

$$\frac{a_{k+1}}{a_k} = \frac{n-k+1}{k}x = -\left(\frac{n+1}{k} - 1\right)x;$$

$n$ ist eine fest gegebene Größe, die Ordnungszahl $k$ steigt, weil die Reihe unendlich ist, über alle Grenzen, daher wird $(n+1):k$ beliebig klein, der Klammerinhalt nähert sich unbegrenzt dem Werte $-1$. Ist $x$ also ein echter Bruch, so muß der absolute Betrag des Quotienten $a_{k+1} : a_k$ von irgend einem Gliede an kleiner als 1 werden, womit die Konvergenz der Reihe für die genannten Werte von $x$ bewiesen ist.

---

[1]) Hier und weiterhin ist angenommen, daß sich die zu entwickelnden Funktionen wirklich durch Potenzreihen darstellen lassen, also in ihrer Entwicklung nicht etwa Glieder von der Form $a\sqrt{x}$, $\frac{a}{x}$ oder dgl. enthalten.

Es ist sehr instruktiv, einen bestimmten Wert für $n$ anzunehmen und die Kurve $y = (1 + x)^n$ mit den Näherungskurven $y = 1 + nx$;
$$y = 1 + nx + \frac{n(n-1)}{2}x^2$$
usf. in demselben Koordinatensystem zu zeichnen.

Eine Anwendung findet der Satz bisweilen zum bequemen Ausziehen der Wurzeln.

$$\sqrt[3]{29} = \sqrt[3]{27 + 2} = \sqrt[3]{27\left(1 + \frac{2}{27}\right)} = 3\sqrt[3]{1 + 0{,}07407}$$
$$= 3(1 + 0{,}07407)^{\frac{1}{3}};$$

$$n = \frac{1}{3}; \quad \frac{n(n-1)}{1 \cdot 2} = \frac{\left(\frac{1}{3}\right)\left(-\frac{2}{3}\right)}{2} = -\frac{1}{9}; \quad \frac{n(n-1)(n-2)}{1 \cdot 2 \cdot 3}$$
$$= \frac{\left(\frac{1}{3}\right)\left(-\frac{2}{3}\right)\left(-\frac{5}{3}\right)}{1 \cdot 2 \cdot 3} = +\frac{5}{81}$$

$\sqrt[3]{29} = 3(1 + 0{,}02469 - 0{,}00061 + 0{,}00002_5) = 3{,}07231_5.$

Schon diese vier Glieder der Reihe liefern eine Genauigkeit, welche die Anforderungen der Praxis weit übertrifft, die weiteren sind für sie völlig bedeutungslos.

Bei dieser Reihe und mancher folgenden läßt sich ein Glied leicht berechnen, wenn man das vorhergehende kennt. Setzt man abkürzend $(1 + x)^n = 1 + A + B + C + D + \cdots$, so ist

$$A = nx; \quad B = \frac{n-1}{2}x \cdot A; \quad C = \frac{n-2}{3} \cdot x \cdot B \text{ usf.}$$

**Beispiel 13.** $f(x) = \sin x$. Es ist
$f'(x) = \cos x, f''(x) = -\sin x, f'''(x) = -\cos x, f''''(x) = +\sin x$
usf.
$f(0) = 0, f'(0) = 1, f''(0) = 0, f'''(0) = -1, f''''(0) = 0 \cdots$
$$f(x) = \sin x = x - \frac{x^3}{1 \cdot 2 \cdot 3} + \frac{x^5}{1 \cdot 2 \cdot 3 \cdot 4 \cdot 5} - \frac{x^7}{1 \cdot 2 \cdot 3 \cdot 4 \cdot 5 \cdot 6 \cdot 7} \pm \cdots$$
$$q_1 = -\frac{x^2}{2 \cdot 3}, \quad q_2 = -\frac{x^2}{4 \cdot 5}$$

usf. Mag der fest gegebene Wert $x$ auch noch so groß sein, von einem bestimmten Gliede ab werden die Quotienten ihrem absoluten Betrage nach dauernd kleiner als 1 und nähern sich sogar dem Werte 0. Die Reihe konvergiert für jeden Wert von $x$. Man zeichne hier und später Näherungskurven, um den Grad der Genauigkeit graphisch darzustellen. Soll ein bestimmter Sinus, z. B. sin 25°, berechnet werden, so muß man das Gradmaß zunächst in Bogenmaß verwandeln, denn diese Einheit war bei der Entwicklung des Differentialquotienten vorausgesetzt.

$25^0$ ist im Bogenmaß $= \dfrac{25\pi}{180} = 0{,}4363$

$\sin 25^0 = 0{,}4363 - 0{,}0138 = 0{,}4225.$

**Beispiel 14.** $f(x) = \cos x.$
$f'(x) = -\sin x, f''(x) = -\cos x, f'''(x) = +\sin x, f''''(x) = +\cos x$
usw.
$f(0) = 1, f'(0) = 0, f''(0) = -1, f'''(0) = 0, f''''(0) = +1.$

$$\cos x = 1 - \frac{x^2}{1 \cdot 2} + \frac{x^4}{1 \cdot 2 \cdot 3 \cdot 4} - \frac{x^6}{1 \cdot 2 \cdot 3 \cdot 4 \cdot 5 \cdot 6} \pm \cdots.$$

Auch diese Reihe konvergiert für jedes $x$.

$\cos 25^0 = 1 - 0{,}0952 + 0{,}0015 = 0{,}9063.$

Man beachte hier wie weiterhin die Schlußbemerkung zu Beispiel 12.

Die Funktion tg $x$ läßt sich wohl in Form einer Potenzreihe entwickeln, doch befolgen deren Koeffizienten kein einfaches Bildungsgesetz; bei ctg $x$ tritt noch die Schwierigkeit hinzu, daß diese Funktion für $x = 0$ unendlich groß wird. Will man diese Funktionen berechnen, so benutzt man besser die Formeln $\operatorname{tg} x = \dfrac{\sin x}{\cos x}$ und $\operatorname{ctg} x = \dfrac{\cos x}{\sin x}.$

## Aufgaben.

**144.** Die Gleichungen der Kreisevolvente sollen in Potenzreihen entwickelt werden.

**145.** Die Gleichungen der Zykloide sollen ebenso behandelt werden.

**Beispiel 15.** $f(x) = \operatorname{arctg} x.$
$$f'(x) = \frac{1}{1 + x^2}.$$

Statt weitere Ableitungen zu bilden, kann man die gesuchte Reihe für arctg $x$ $\quad f(x) = a + bx + cx^2 + ex^3 + \cdots$
differentiieren: $\quad f'(x) = b + 2cx + 3ex^2 + \cdots$
und die Koeffizienten mit denen der Reihe
$$\frac{1}{1 + x^2} = 1 - x^2 + x^4 - x^6 \pm \cdots \text{(vgl. S. 64)}$$
vergleichen.

Es ist $b = 1$, $c = 0$, $e = -\tfrac{1}{3}$ usw. Da für $x = 0$ auch $f(x)$ verschwindet (wenigstens bei der gebräuchlichen Definition der Funktion), so ist $a = 0$, also $\operatorname{arctg} x = \dfrac{x}{1} - \dfrac{x^3}{3} + \dfrac{x^5}{5} \mp \cdots.$

Die Reihe konvergiert, wenn $x$ ein echter Bruch ist.

Ähnlich lassen sich die anderen zyklometrischen Funktionen entwickeln.

Für $x = \dfrac{1}{\sqrt{3}}$ wird

$$\operatorname{arctg}\left(\frac{1}{\sqrt{3}}\right) = \frac{1}{\sqrt{3}}\left(1 - \frac{1}{3\cdot 3} + \frac{1}{5\cdot 9} - \frac{1}{7\cdot 27} + \frac{1}{9\cdot 81} \mp \cdots\right).$$

Faßt man die ersten vier Glieder zusammen, so erkennt man, daß der Klammerausdruck größer als 0,905 ist, die Hinzufügung des fünften lehrt, daß er kleiner als 0,908 ist, $\operatorname{arctg}\left(\dfrac{1}{\sqrt{3}}\right)$ liegt zwischen 0,522 und 0,525.

Andererseits muß $\operatorname{arctg}\left(\dfrac{1}{\sqrt{3}}\right) = \dfrac{\pi}{6}$ sein, denn

$$\operatorname{tg}\left(\frac{\pi}{6}\right) = \operatorname{tg} 30^0 = \frac{1}{\sqrt{3}}.$$

$\dfrac{\pi}{6}$ liegt also zwischen den genannten Zahlen, $\pi$ zwischen 3,132 und 3,150.

Daß die Zahl $\pi$ mit Hilfe dieser (oder einer ähnlichen) Reihe beliebig genau berechnet werden kann, liegt auf der Hand.

**Beispiel 16.**

$y = e^x$; $y' = e^x$, $y'' = e^x$ usf.; $f(0) = f'(0) = f''(0) \cdots = 1$.

$$e^x = 1 + \frac{x}{1} + \frac{x^2}{1\cdot 2} + \frac{x^3}{1\cdot 2\cdot 3} + \frac{x^4}{1\cdot 2\cdot 3\cdot 4} + \cdots.$$

Das Kriterium von Cauchy lehrt, daß diese Reihe für jeden Wert von $x$ konvergiert (vgl. Beispiel 13).

Für $x = 1$ nimmt sie die schon auf S. 35 untersuchte Form an.

## Aufgaben.

**146.** Bei der Theorie der Seilreibung tritt die Größe $e^{\mu\alpha}$ auf. Ihr Wert werde für $\mu = 0,2$; $\alpha = 108^0$ festgestellt.

**147.** Die Funktionen $\operatorname{Sin} x$ und $\operatorname{Cos} x$ (vgl. S. 38) sollen entwickelt werden.

**148.** Man stelle die Gleichung der Kettenlinie[1]) durch eine unendliche Reihe dar.

**149.** Für $a^x$ soll eine Reihe angegeben werden. $a$ sei positiv.

---

1) Vgl. Aufgabe 140, S. 61.

**150.** Man bilde die Ableitungen der bisher behandelten Potenzreihen und vergleiche sie mit den früher erhaltenen Ausdrücken.

**Beispiel 17.** Es sollen die natürlichen Logarithmen durch Reihenentwicklungen gefunden werden.

Man könnte versuchen, $y = lnx$ in der bisherigen Weise durch die Reihe $a + bx + cx^2 + \cdots$
darzustellen. Dann müßte aber, da $ln\, 0 = -\infty$ wird, auch $a$ diesen Wert annehmen. Deswegen berechnet man besser $f(x) = ln(1+x)$, denn hier wird $f(0) = ln\, 1 = 0$, also $a = 0$.

$$f(x) = ln(1+x);\ f'(x) = \frac{1}{1+x}.$$

Man kann entweder die weiteren Ableitungen bilden, oder, wie in Beispiel 15, $\frac{1}{1+x}$ durch eine Reihe darstellen. In diesem Falle hat man
$$b + 2cx + 3ex^2 + \cdots = 1 - x + x^2 - x^3 \pm \cdots,$$
also $\quad b = 1,\ c = -\frac{1}{2},\ e = +\frac{1}{3}$ usf.

A) $\qquad ln(1+x) = \frac{x}{1} - \frac{x^2}{2} + \frac{x^3}{3} \mp \cdots.$

Die Reihe konvergiert, wenn $x$ ein echter Bruch ist. Ebenso ist

B) $\qquad ln(1-x) = -\frac{x}{1} - \frac{x^2}{2} - \frac{x^3}{3} - \cdots,$

und durch Subtraktion

C) $\qquad ln\left(\frac{1+x}{1-x}\right) = 2\left(\frac{x}{1} + \frac{x^3}{3} + \frac{x^5}{5} + \cdots\right).$

Setzt man in C) $x = \frac{1}{3}$, so folgt
$$ln\, 2 = 2\left(\frac{1}{3} + \frac{1}{3 \cdot 27} + \frac{1}{5 \cdot 243} + \cdots\right) = 0{,}69315.$$

Zugleich ist jetzt $ln\, 4 = 2\, ln\, 2;\ ln\, 8 = 3\, ln\, 2$ usw. bekannt. $x = \frac{1}{5}$ ergibt in C eingesetzt
$$ln\, 3 = 2\left(\frac{1}{1 \cdot 2} + \frac{1}{3 \cdot 8} + \frac{1}{5 \cdot 32} + \cdots\right) = 1{,}09861.$$

Dadurch ist $ln\, 9 = 2\, ln\, 3;\ ln\, 27$ usf. bestimmt, ferner auch
$$ln\, 6 = ln\, 3 + ln\, 2 = 1{,}79176,\ ln\, 12,\ ln\, 18$$
usw. $ln\, 5 = ln(6-1) = ln[6(1-\tfrac{1}{6})] = ln\, 6 + ln(1-\tfrac{1}{6})$
(Formel B)
$$ln\, 5 = 1{,}79176 - \left(\frac{1}{1 \cdot 6} + \frac{1}{2 \cdot 6^2} + \frac{1}{3 \cdot 6^3} + \cdots\right) = 1{,}60944.$$

Der für die Umwandlung der Logarithmensysteme bedeutsame natürliche Logarithmus von 10 ist
$$ln\, 10 = ln\, 5 + ln\, 2 = 2{,}30259.$$

Von den ganzen Zahlen zwischen 1 und 10 fehlt jetzt nur noch 7.
$$ln\,7 = ln(8-1) = ln\left[8\left(1-\frac{1}{8}\right)\right] = ln\,8 + ln\left[1-\frac{1}{8}\right] = 2{,}07944 -$$
$$- \left(\frac{1}{1\cdot 8} + \frac{1}{2\cdot 8^2} + \frac{1}{3\cdot 8^3} + \cdots\right)$$
$$ln\,7 = 1{,}94591.$$

Nun läßt sich auch jeder andere natürliche Logarithmus leicht ermitteln, wir greifen ganz willkürlich die Zahl 6137 heraus.
$$ln\,6137 = ln(1000\cdot 6{,}137) = ln\,1000 + ln\,6{,}137$$
$$= 3\,ln\,10 + ln\left[6\left(1+\frac{0{,}137}{6}\right)\right]$$
$$ln\,6137 = 3\,ln\,10 + ln\,6 + \left[\frac{0{,}137}{1\cdot 6} - \frac{0{,}137^2}{2\cdot 6^2} + \frac{0{,}137^3}{3\cdot 6^3} \mp \cdots\right]$$
$$ln\,6137 = 8{,}69952 + 0{,}02258 = 8{,}72210.$$

Selbstverständlich läßt sich die Genauigkeit beliebig steigern.

Sind alle natürlichen Logarithmen bekannt, so kann man aus ihnen die künstlichen einfach ermitteln, indem man sie mit 0,43429 multipliziert (vgl. S. 36, Formel 15).

### Das Restglied der Mac-Laurinschen Reihe.

Die bisher behandelten Reihen lieferten uns sicherlich den Wert der jeweils gesuchten Funktion um so genauer, je mehr Glieder wir berücksichtigten. Absolute Genauigkeit können wir auf diesem Wege nie erhalten, da uns tatsächlich die Vereinigung unendlich vieler Summanden unmöglich ist. Wohl aber gibt es ein Mittel, das uns gestattet, den Fehler abzuschätzen und in bestimmte Grenzen einzuschließen, den wir begehen, wenn wir eine unendliche Reihe nach dem $n$ten Gliede abbrechen. $n$ ist dabei eine bestimmte, endliche Ordnungszahl, z. B. 5.

Wir brauchen dazu folgenden Satz: Wenn eine im Intervall $0\ldots a$ stets endliche, stetige und differentiierbare Funktion $f(x)$ für $x=0$ und $x=a$ verschwindet, so muß mindestens für eine Zahl zwischen diesen Werten, $x_1 = \theta\cdot a$, die Ableitung $f'(x_1)$ gleich Null sein. $\theta$ bedeutet hier einen echten positiven Bruch, mit dem $a$ multipliziert werden soll. Der Beweis folgt aus Fig. 33 sofort durch geometrische Anschauung,

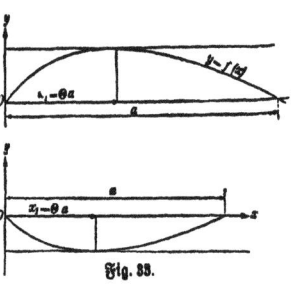

Fig. 33.

## Restglied der Reihen
## 75

wenn man sich an die Definitionen der Endlichkeit und Stetigkeit auf S. 7 erinnert. Verschiebt man ein Lineal so, daß es immer der Abszissenachse parallel bleibt, so muß es schließlich mindestens einmal die Kurve berühren; $\operatorname{tg}\alpha = f'$ ist für diesen Wert von $x$, den wir mit $x_1$ bezeichnet haben, $= 0$. Fig. 34 zeigt, daß diese Überlegung nicht mehr zwingend ist, wenn $f$ (Fig. $a$) oder $f'$ (Fig. $b$) in dem Intervall unstetig oder wenn eine dieser Größen unendlich wird (Fig. $c$, $d$).

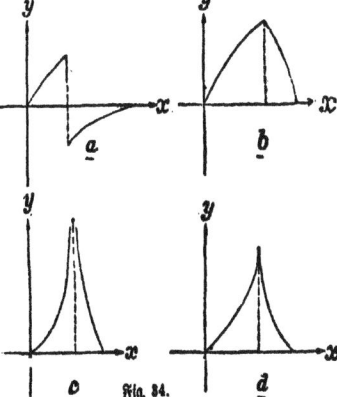

Fig. 34.

Die zu untersuchende Mac-Laurinsche Reihe sei

$$f(x) = f(0) + xf'(0) + \frac{x^2}{1 \cdot 2} f''(0) + \cdots \frac{x^{n-1}}{(n-1)!} f^{(n-1)}(0) + R$$

$(n-1)!$, gelesen $n-1$ Fakultät, bedeutet dabei das Produkt $1 \cdot 2 \cdot 3 \cdots (n-1)$.

Für $n$ werde zunächst ein beliebiger Zahlenwert, etwa 3, angenommen, also $f(x) = f(0) + x f'(0) + \frac{x^2}{1 \cdot 2} f''(0) + R$ gesetzt.

Wir betrachten zunächst eine andere Funktion einer Veränderlichen $t$.

$$\psi(t) = f(x) - f(t) - \frac{x-t}{1} f'(t) - \frac{(x-t)^2}{2!} f''(t) - \frac{(x-t)^3}{3!} K.$$

$x$ ist hier als Konstante aufgefaßt, $t$ soll alle Werte zwischen $0$ und $x$, einschließlich dieser Grenzwerte selbst, annehmen können. $K$ bestimme ich so, daß $\psi(t)$ für $t = 0$ verschwindet.

Setzt man $t = x$, so wird

$$\psi(t) = \psi(x) = f(x) - f(x) - \frac{x-x}{1} f'(x) - \frac{(x-x)^2}{2!} f''(x) - \frac{(x-x)^3}{3!} K = 0.$$

$\psi(t)$ verschwindet für $t = 0$, weil $K$ so bestimmt wurde, und für $t = x$, wie eben nachgewiesen; also muß nach unserem Hilfssatze $\psi'(t)$ für einen zwischen $0$ und $x$ liegenden Wert $\theta x$ gleich Null werden. Die Differentiation ($x$ konstant!) liefert

$$\psi'(t) = -f'(t) - \left[\left(\frac{-1}{1}\right) f'(t) + \frac{x-t}{1} f''(t)\right] -$$
$$- \left[\frac{-2(x-t)}{1 \cdot 2} f''(t) + \frac{(x-t)^2}{2!} f'''(t)\right] - \left[\frac{-3(x-t)^2}{3!}\right] K.$$

Löst man die Klammern auf, so zerstören sich alle Glieder bis auf die beiden letzten gegenseitig; es ist

$$\psi'(t) = -\frac{(x-t)^2}{2!}f'''(t) + \frac{(x-t)^2}{2!}K.$$

Jetzt setzen wir den vorher erwähnten Zwischenwert $t = \theta x$ ein.

$$0 = -\frac{(x-\Theta x)^2}{2!}f'''(\theta x) + \frac{(x-\Theta x)^2}{2!}K.$$

Hieraus folgt $\quad K = f'''(\theta x)$, also

$$\psi(t) = f(x) - f(t) - \frac{x-t}{1!}f'(t) - \frac{(x-t)^2}{2!}f''(t) - \frac{(x-t)^3}{3!}f'''(\theta x)$$

Wir beachten nochmals, daß $K$ so gewählt war, daß $\psi$ für $t = 0$ verschwindet; es ergibt sich

$$0 = f(x) - f(0) - \frac{x}{1}f'(0) - \frac{x^2}{2!}f''(0) - \frac{x^3}{3!}f'''(\theta x), \text{ oder}$$

$$f(x) = f(0) + \frac{x}{1}f'(0) + \frac{x^2}{2!}f''(0) + \frac{x^3}{3!}f'''(\theta x).$$

Man stelle dieselbe Überlegung für $n = 4, 5, 6$ an und dehne sie dann auf ein beliebiges ganzzahliges $n$ aus; man findet

$$f(x) = f(0) + \frac{x}{1}f'(0) + \frac{x^2}{2!}f'(0) + \cdots + \frac{x^{n-1}}{(n-1)!}f^{(n-1)}(0)$$
$$+ \frac{x^n}{n!}f^{(n)}(\theta x).$$

Das so gefundene Restglied $R\frac{x^n}{n!}f^{(n)}(\theta x)$ wird nach Lagrange benannt. Unsere Betrachtungen sind zwingend, wenn $f$ mit sämtlichen Ableitungen bis zur $n$ten in dem Intervall $x = 0$ bis $x = x$ einschließlich der Grenzen endlich und stetig ist, denn dann gilt der oben angeführte Hilfssatz, der den Kern des Beweises bildet.

### Anwendungen des Lagrangeschen Restgliedes.

**Beispiel 18.** Mit welcher Genauigkeit wird $e$ durch die ersten fünf Glieder der Reihe dargestellt?

$$e^x = 1 + \frac{x}{1!} + \frac{x^2}{2!} + \frac{x^3}{3!} + \frac{x^4}{4!} + \frac{x^5}{5!}f^{(5)}(\theta x)$$

$f, f'$ usw. ist hier $= e^x$, $f^{(5)}(\theta x) = e^{\theta x}$. Die Größe $x$ ist gleich 1.

$$e = 1 + \frac{1}{1!} + \frac{1}{2!} + \frac{1}{3!} + \frac{1}{4!} + \frac{1}{5!} \cdot e^\theta.$$

$\theta$ liegt zwischen 0 und 1. $f(x) = e^x$ ist stets positiv, die Ableitung $f'(x) = e^x$ auch, $e^x$ wächst fortwährend, $e^1$ ist daher der größte Wert, den $e^x$ in dem Intervall 0 bis 1 haben kann. Das Restglied ist kleiner

## Anwendungen des Lagrangeschen Restgliedes

als $\frac{e^1}{5!} = \frac{e}{120}$. $e$ ist kleiner als 3, wie sich durch gliedweise Vergleichung mit der Reihe

$$1 + \left(1 + \frac{1}{2} + \frac{1}{2\cdot 2} + \frac{1}{2\cdot 2\cdot 2} + \cdots\right) = 1 + 2$$

leicht feststellen läßt. Das Restglied $R$ ist also kleiner als

$$\frac{3}{120} \text{ oder } \frac{1}{40} = 0{,}025.$$

| | | |
|---|---|---|
| Das Restglied liegt zwischen | 0 und | 0,025 |
| $\frac{1}{4!}$ = = | 0,041 = | 0,042 |
| $\frac{1}{3!}$ = = | 0,166 = | 0,167 |
| $1 + 1 + \frac{1}{2!}$ = = | 2,5 = | 2,5 |
| $e$ liegt zwischen | 2,707 und | 2,734 |

**Beispiel 19.** Mit welcher Genauigkeit ist $\sqrt[3]{29}$ auf S. 70 berechnet worden?

$$f(x) = (1+x)^{\frac{1}{3}};\ f'(x) = \frac{1}{3}(1+x)^{-\frac{2}{3}};\ f''(x) = -\frac{2}{9}(1+x)^{-\frac{5}{3}};$$

$$f'''(x) = \frac{10}{27}(1+x)^{-\frac{8}{3}};\ f''''(x) = -\frac{80}{81}(1+x)^{-\frac{11}{3}}$$

$$R = \frac{x^4}{4!}\left(-\frac{80}{81}\right)(1+\theta x)^{-\frac{11}{3}} = -\frac{10\,x^4}{243}(1+\theta x)^{-\frac{11}{3}}.$$

$$(1+\theta x)^{-\frac{11}{3}} = \sqrt[3]{\frac{1}{(1+\theta x)^{11}}}.$$

Dieser Ausdruck nimmt mit wachsendem $x$ ab, ist also am größten, wenn $\theta = 0$ ist. $R$ liegt zwischen 0 und

$$-\frac{10\cdot\left(\frac{2}{27}\right)^4}{243}\cdot 1 = -0{,}00000124\ldots,\ \sqrt[3]{29} \text{ ist } 3\left(1 + \frac{2}{27}\right)^{\frac{1}{3}}.$$

Der mögliche Fehler $R$ wird natürlich auch mit 3 multipliziert; man weiß, daß $R_1 = 3\,R$ zwischen 0 und $-0{,}000004$ liegt.

**Beispiel 20.** Man prüfe die Genauigkeit von sin $25^0$ (Beispiel 13). Bei der Ableitung sind die vier ersten Glieder der Mac-Laurinschen Reihe benutzt worden; es ist $R = \frac{x^5}{5!}f^{(5)}(\theta x)$. Die fünfte Ableitung von $f(x) = \sin x$ ist $f^{(5)}(x) = \cos x$, mithin

$$R = \frac{x^5}{5!}\cos(\theta x).$$

Da $x = 25°$ ist, muß $\theta x$ zwischen $0°$ und $25°$ liegen, der größte Wert für $\cos(\theta x)$ ist in diesem Intervall $\cos 0° = 1$.

$$R < \left(\frac{25\pi}{180}\right)^5 \cdot \frac{1}{5!},$$

$\frac{25\pi}{180}$ ist kleiner als $0,5 = \frac{1}{2}$; die fünfte Potenz kleiner als $\frac{1}{32}$,

$$R < \frac{1}{32 \cdot 120} < 0,0003.$$

Die weiteren Beispiele können entsprechend behandelt werden.[1])

**Beispiel 21.** Berücksichtigt man in der Mac-Laurinschen Reihe nur die erste Potenz von $x$, so ist

$$f(x) = f(0) + x f'(\theta x)$$

[Mittelwertsatz.]

Die geometrische Deutung gibt Fig. 35, in ihr ist $\operatorname{tg} \alpha = f'(\theta x)$. Für die als endlich vorausgesetzten Werte, welche $f'(x)$ in dem Intervall $0 \ldots \theta x \ldots x$ annehmen kann, muß eine obere und untere feste Grenze existieren, die von keinem derselben erreicht wird. Man hat nun die Wahl von $x$ völlig in der Hand und kann diese Größe so klein annehmen wie man will.

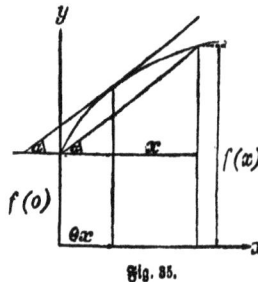

Fig. 35.

Dann nähern sich die beiden Grenzwerte von $x f'(\theta x)$ mit beliebiger Genauigkeit der Null, also auch alle Zwischenwerte. Wenn daher $x$ klein genug gewählt wird und $f(0)$ eine endliche von Null verschiedene Größe ist, so hängt das Vorzeichen der Potenzreihe

$$f(x) = f(0) + \frac{x}{1!} f'(0) + \frac{x^2}{2!} f''(0) + \cdots = f(0) + \frac{x}{1!} f'(\theta x)$$

nur von ihrem ersten Gliede $f(0)$ ab.

### Die Taylorsche Reihe.

Die Aufgabe, $f(x)$ in eine Potenzreihe zu entwickeln, läßt sich leicht noch verallgemeinern. War bisher $x = 0$ der Ausgangswert, so kann man statt dessen auch eine beliebige andere Zahl, z. B. $x = a$ nehmen, also $f(a + x)$ untersuchen. Dieses Problem läßt sich aber leicht auf das schon gelöste zurückführen.

---

1) Es läßt sich nachweisen, daß bei allen Funktionen, welche wir in Potenzreihen entwickelten, innerhalb der angegebenen zulässigen Werte von $x$ das Restglied $R$ beliebig klein wird, wenn man genügend viele Glieder berücksichtigt. Es treten also keine weiteren Glieder, etwa von der Form $a \sqrt{x}$ oder $\frac{a}{x}$ oder dgl. auf.

Ersetzt man in der Funktion $f(x)$ die unabhängige Veränderliche durch $a + x$, so entsteht eine neue Funktion $F(x) = f(a+x)$. Dann ist nach dem Mac-Laurinschen Satz

$$F(x) = F(0) + \frac{x}{1!} F'(0) + \frac{x^2}{2!} F''(0) + \cdots + \frac{x^{n-1}}{(n-1)!} F^{(n-1)}(0)$$
$$+ \frac{x^n}{n!} F^{(n)}(\theta x).$$

$F(x)$ geht für $x = 0$ in $f(a + 0) = f(a)$ über.
$$\frac{dF}{dx} = \frac{df(a+x)}{dx}.$$

Es werde für den Augenblick $a + x = z$ gesetzt.
$$\frac{df(z)}{dz} = f'(z)$$

$$\frac{dF}{dx} = \frac{df(z)}{dx} = \frac{df(z)}{dz} \cdot \frac{dz}{dx} = f'(z)$$

$$\frac{d^2F}{dx^2} = \frac{d}{dx} f'(z) = \frac{d}{dz} f'(z) \cdot \frac{dz}{dx} = f''(z) \text{ usw.}$$

Wird $x = 0$, so wird $z = a$, wird $x = \theta x$, so wird $z = a + \theta x$
So erhalten wir die Taylorsche Reihe

$$f(a + x) = f(a) + \frac{x}{1!} f'(a) + \frac{x^2}{2!} f''(a) + \cdots + \frac{x^{n-1}}{(n-1)!} f^{(n-1)} a$$
$$+ \frac{x^n}{n!} f^{(n)}(a + \theta x).$$

Sie gilt, wenn $f$ mit sämtlichen Ableitungen bis zur $n$ten in dem Intervall $a$ bis $a + x$ (einschließlich der Grenzen) endlich und stetig ist.

**Beispiel 22.** $f(a + x) = \cos(a + x)$
$f'(a + x) = -\sin(a + x),\qquad f''(a + x) = -\cos(a + x),$
$f'''(a + x) = +\sin(a + x)\qquad f''''(a + x) = +\cos(a + x)$ usf.
$$\cos(a + x) = \cos a - \frac{x}{1!} \sin a - \frac{x^2}{2!} \cos a + \frac{x^3}{3!} \sin a + \frac{x^4}{4!} \cos a \mp \cdots$$
$$\cos(a + x) = \cos a \left(1 - \frac{x^2}{2!} + \frac{x^4}{4!} \cdots\right) - \sin a \left(\frac{x}{1!} - \frac{x^3}{3!} \pm \cdots\right).$$

Die Klammerausdrücke stellen nach S. 70, Beispiel 13 und 71, Beispiel 14 die Funktionen $\cos x$ und $\sin x$ dar, man erhält
$$\cos(a + x) = \cos a \cos x - \sin a \sin x.$$

Ganz analog findet man
$$\sin(a + x) = \sin a \cos x + \cos a \sin x.$$

Da die gefundenen Formeln schon bei der Herleitung des Differentialquotienten von $\sin x$ und $\cos x$ benutzt wurden, so ist die eben gegebene Ableitung nur als Nachprüfung zu betrachten.

Bricht man die Taylorsche Reihe nach dem zweiten Gliede ab, so resultiert eine **allgemeinere Form des Mittelwertsatzes,** nämlich
$$f(a+x) = f(a) + xf'(a+\theta x)$$
oder, wenn man $a+x=b$ setzt
$$f(b) = f(a) + (b-a)f'[a+\theta(b-a)]. \text{ Vgl. Fig. 35.}$$

## Sechstes Kapitel.
## Anwendungen der Mac=Laurinschen und Taylorschen Reihe.

### 1. Näherungsformeln.

Die Anwendung der Potenzreihen zur exakten Berechnung der Funktionen wurde schon verschiedentlich erläutert; jetzt soll gezeigt werden, daß Formeln durch sie wesentlich vereinfacht werden können, wenn nur **kleine Werte** von $x$ auftreten und daher die Reihen schon nach einem der ersten Glieder abgebrochen werden können, ohne daß der Fehler, den man dabei begeht, praktisch merkbar ist. (Vgl. die entsprechende Bemerkung über die Mac=Laurinsche Reihe auf S. 74.)

**Beispiel 23.** Der lineare Ausdehnungskoeffizient $\alpha$ eines Materials gibt an, um wieviel m sich 1 m des betreffenden Stoffes bei der Temperaturerhöhung von $0^0$ auf $1^0$ ausdehnt, der kubische bezieht sich auf 1 cbm; wie groß ist er? Das Kubikmeter wird durch die Erwärmung zu einem Würfel von der Kantenlänge $1+\alpha$ Meter, der Inhalt, ursprünglich 1 cbm, wird jetzt $(1+\alpha)^3$ cbm. Da $\alpha$ sehr klein ist (z. B. für Eisen 0,000012), so kann man ihn ohne merklichen Fehler $= 1 + 3\alpha$ setzen. Der Volumenzuwachs beträgt $3\alpha$ Kubikmeter, der kubische Ausdehnungskoeffizient ist dreimal so groß wie der lineare. Vgl. Aufgabe 37 auf S. 21.

**Beispiel 24.** $a$ sei nur wenig größer als $b$, wie groß ist näherungsweise $\dfrac{b}{a}$?

$$\frac{b}{a} = \frac{b}{b+(a-b)} = \frac{1}{1+\left(\dfrac{a-b}{b}\right)} = \left[1+\left(\frac{a-b}{b}\right)\right]^{-1}.$$

Dies ist nahezu $= 1 - \dfrac{a-b}{b}$. Eine neue Atmosphäre ist $= 1$ kg/qcm, eine alte ($= 760$ mm Quecksilbersäule) $= 1{,}033$ kg/qcm. 1 neue Atmosphäre ist daher $\dfrac{1}{1{,}033} = 1 - 0{,}033$ alte. Die Länge eines Stades sei $l_0$ bei $0^0$, steigt die Temperatur um $1^0$, so wächst sie um $l_0 \alpha$, bei $t^0$ um $l_0 \alpha t$, wird also $l = l_0 + l_0 \alpha t = l_0 (1 + \alpha t)$. Ist diese gemessen, wie es praktisch fast immer geschieht, und soll die Länge auf die Temperatur $0^0$ reduziert werden, so hat man $l_0 = \dfrac{l}{1 + \alpha t}$ und kann dafür in den meisten Fällen $l_0 = l(1 - \alpha t)$ setzen.

Liest man z. B. den Stand eines Quecksilberbarometers an einer Glasskala ab $(= l\,\text{mm})$, so muß man beachten, daß diese Skala nur für eine bestimmte Normaltemperatur richtig ist. Diese sei $0^0$. Unter Berücksichtigung des linearen Ausdehnungskoeffizienten für Glas

$$\beta_1 = 0{,}000008$$

findet man die Ausdehnung $A = l_0 \beta_1 t = \beta_1 t l (1 - \beta_1 t)$, also unter Vernachlässigung des zweiten Gliedes $A = l \beta_1 t$. Da sich der Maßstab um diesen Betrag ausgedehnt hat, so ist die abgelesene Quecksilbersäule um ihn zu kurz gemessen, ihre wahre Höhe ist $l_1 = l + l \beta_1 t$.

Das Volumen eines Körpers sei $v_0$ bei $0^0$, sein spezifisches Gewicht $\gamma_0$, während bei $t^0$ die entsprechenden Größen $v$ und $\gamma$ seien. Sein Gewicht sei $p$, sein kubischer Ausdehnungskoeffizient $\beta_2$. Dann ist $\gamma_0 = \dfrac{p}{v_0}$, $\gamma = \dfrac{p}{v} = \dfrac{p}{v_0 (1 + \beta_2 t)} = \dfrac{\gamma_0}{1 + \beta_2 t} \approx \gamma_0 (1 - \beta_2 t)$. Nur bei Gasen ist diese Abrundung im allgemeinen nicht mehr gestattet.

Bei der vorher erwähnten Barometerablesung muß man auch bedenken, daß Quecksilber von $0^0$ verlangt wird; hat es die Temperatur $t^0$, so ist sein Druck entsprechend dem spezifischen Gewicht kleiner. Ersetzt man es durch eine kleinere Quecksilbersäule von $0^0$, so müssen die Höhen den spezifischen Gewichten umgekehrt proportional sein, also wenn $l_2$ die gesuchte ist

$$l_2 : l_1 = \gamma : \gamma_0; \qquad l_2 = l_1 \cdot \dfrac{\gamma}{\gamma_0} = l_1 (1 - \beta_2 t).$$

$\beta_2$ ist die Ausdehnungszahl des Quecksilbers $= 0{,}000181$

$$l_2 = l(1 + \beta_1 t)(1 - \beta_2 t) = l(1 - t[\beta_2 - \beta_1]).$$

$\beta_1 \cdot \beta_2$ kann vernachlässigt werden

$$l_2 = l(1 - 0{,}000173\, t) = l - 0{,}000173\, l t.$$

Liest man etwa bei $25^0$ die Höhe $l = 765{,}4$ mm ab, so beträgt die Korrektion $\quad -0{,}000173 \cdot 765{,}4 \cdot 25 = -3{,}3$ mm und der reduzierte Barometerstand $762{,}1$ mm.

Bei einer Messingskala ist $\beta_1 = 0{,}000019$ und das Korrektionsglied $-0{,}000162\, l t.$

82  VI. Anwendungen der Mac-Laurinschen und Taylorschen Reihe

## Aufgaben.

Man weise die Richtigkeit der folgenden Näherungsformeln nach

**151.** $\sqrt{1+\alpha} \approx 1 + \frac{\alpha}{2}$;   **152.** $\sqrt{1-\alpha} \approx 1 - \frac{\alpha}{2}$;

**153.** $\frac{1}{\sqrt{1+\alpha}} \approx 1 - \frac{\alpha}{2}$;   **154.** $\frac{1}{\sqrt{1-\alpha}} \approx 1 + \frac{\alpha}{2}$,

allgemein   **155.** $(1+\alpha)^n \approx 1 + n\alpha$.

Bei adiabatischer Kompression (S. 46 f.) nehme das Volumen $v$ um den kleinen Betrag $\alpha$ ab, dann folgt aus $pv^k = p_1(v-\alpha)^k$, daß

$$p_1 = \frac{pv^k}{(v-\alpha)^k} = p \cdot \frac{1}{\left(1-\frac{\alpha}{v}\right)^k},$$

also $p_1 \approx p\left(1 + \frac{k\alpha}{v}\right)$ wird; die (kleine) Druckzunahme ist $\frac{pk\alpha}{v}$.

**156.** Wie groß ist näherungsweise $\sin \alpha$, wenn $\alpha$ in Graden, Minuten oder Sekunden gegeben ist?

**157.** Wie groß ist näherungsweise $\operatorname{tg} \alpha$?

**158.** $\sin 40^0$ ist $0{,}64279$; $\cos 40^0 = 0{,}76604$. Wie groß ist $\sin 41^0$, $\cos 41^0$, $\sin 39^0$, $\cos 39^0$?

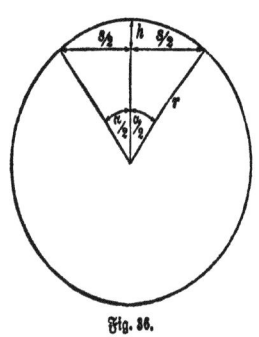

Fig. 36.

**Beispiel 25.** Der Inhalt $F$ eines Kreisabschnittes (Fig. 36) wird erhalten, wenn man den Inhalt des Kreisausschnittes, $\frac{r^2\alpha}{2}$, (vgl. S. 29) um den des Dreiecks, $\frac{r^2\sin\alpha}{2}$, vermindert.

$$F = \frac{r^2}{2}(\alpha - \sin\alpha);$$
$$\sin\alpha = \alpha - \frac{\alpha^3}{1\cdot 2\cdot 3}$$

(angenähert), also $F \approx \frac{r^2\alpha^3}{12}$.

Die Bogenhöhe $h$ ist $= r - r\cos\frac{\alpha}{2} = r\left(1 - \cos\frac{\alpha}{2}\right)$

$$h \approx r\left[1 - \left(1 - \frac{\left(\frac{\alpha}{2}\right)^2}{2!}\right)\right] = \frac{\alpha^2 r}{8},$$

die Sehne

$$s = 2r\sin\frac{\alpha}{2} \approx 2r\left[\frac{\alpha}{2} - \frac{\left(\frac{\alpha}{2}\right)^3}{3!}\right] = r\alpha - \frac{r\alpha^3}{24} = r\alpha\left(1 - \frac{\alpha^2}{24}\right).$$

Die Vernachlässigung von $\frac{\alpha^4}{24}$ liefert die Näherungsformel
$$F \approx \frac{2}{3} sh.$$
Ferner ist $s^2 \approx r^2\alpha^2\left(1 - \frac{\alpha^2}{12}\right);\quad h^2 \approx \frac{r^2\alpha^4}{64};\quad b^2 = r^2\alpha^2,$
also
$$b^2 \approx s^2 + \frac{16}{3} h^2.$$

Hieraus kann man $b$ angenähert berechnen, wenn $s$ und $h$ gegeben ist. Bei allen diesen Formeln ist vorausgesetzt, daß $\alpha$, im Bogenmaß ausgedrückt, klein ist, sie gelten daher noch für beträchtliche Werte im Gradmaß, das ja durch Division mit $\frac{180}{\pi} \approx 57{,}3$ in Bogenmaß verwandelt wird.

Der Schwerpunkt des Kreisbogens $b$ hat vom Kreismittelpunkt den Abstand $\frac{rs}{b} = \frac{2r\sin\frac{\alpha}{2}}{\alpha}$, seine Entfernung von der Sehne ist $\frac{2r\sin\frac{\alpha}{2}}{\alpha} - r\cos\frac{\alpha}{2} \approx \frac{r\alpha^2}{12} \approx \frac{2}{3}h.$

## Aufgaben.

**159.** Die Gleichung der Kettenlinie soll für kleine Werte von $x$ angenähert aufgestellt werden.

**160.** Wann verdoppelt sich ein Kapital von $a$ Mark, das zu $p\%$ steht, bei Berechnung der Zinseszinsen?

**161.** Wann ist es $k$ mal so groß wie zu Anfang?

## 2. Auflösung von Gleichungen.

Jede Gleichung mit einer Unbekannten läßt sich auf die Form
$$f(x) = 0$$
bringen. Schon auf S. 41 wurde eine Lösungsmethode angedeutet. Man braucht nur die Kurve $y = f(x)$ recht genau zu zeichnen, dann sind die Abszissen der Schnittpunkte mit der X-Achse die Lösungen, die man auch als „Wurzeln" der Gleichung bezeichnet. Die Quadrat-, Kubik- und weiteren Wurzeln sind Spezialfälle dieses allgemeineren Begriffes; $\sqrt[n]{a}$ ist z. B. die Lösung der Gleichung $x^n - a = 0$.

Wenn auch diese graphische Lösung von Gleichungen äußerst anschaulich ist und bei Vergrößerung des Maßstabes zu beliebiger Ge-

**84** VI. Anwendungen der Mac-Laurinschen und Taylorschen Reihe

nauigkeit gesteigert werden kann, so erfordert sie doch viele umständliche Rechnungen, sobald die Funktion $f$ etwas komplizierter ist. Hat man einen Wert $x = a$ gefunden, der nahezu der Gleichung genügt, so sucht man natürlich nicht nur einen besseren, sondern einen viel besseren Näherungswert, die Zwischenwerte interessieren nicht. Hier führt leicht die Taylorsche Reihe zum Ziel, in ihr bedeute $h$ das Zusatzglied, welches, zu $a$ abbiert, den genauen Wert der Wurzel liefert, es sei also $f(a + h) = 0$. Da $a$ selbst schon nahezu richtig ist, können wir $h$ sehr klein annehmen und die Reihe nach dem zweiten Gliede abbrechen.
$$f(a + h) = f(a) + h f'(a) = 0,$$
demnach
$$h = -\frac{f(a)}{f'(a)}.$$

**Beispiel 26.** $\sqrt[3]{29}$ ist zu bestimmen.
$$f(x) = x^3 - 29 = 0; \qquad f'(x) = 3x^2; \qquad h = -\frac{a^3 - 29}{3a^2}.$$
Ein Näherungswert ist $a = 3$; $h$ wird
$$= -\frac{27 - 29}{3 \cdot 9} = +\frac{2}{27} = 0{,}074.$$
Der nächste Näherungswert ist $a_1 = 3{,}074$
$$h_1 = -\frac{3{,}074^3 - 29}{3 \cdot 3{,}074^2} = -\frac{0{,}0477}{28{,}35} = -0{,}00168$$
$$a_2 = 3{,}07400 - 0{,}00168 = 3{,}07232.$$

Diese Genauigkeit kommt der auf S. 70 erreichten gleich; in der Praxis hätte schon die erste Verbesserung von $a$ genügt.

**Beispiel 27.** Ein Kugelballon wird mit Leuchtgas gefüllt. 1 qm Ballonhülle wiegt mit dem Netzwerk 0,4 kg. Gondel, Ballast, Bemannung und Schleppseil besitzen zusammen das Gewicht 500 kg. 1 cbm des benutzten Leuchtgases wiegt 0,6 kg; 1 cbm Luft 1,293 kg. Beide Angaben sind auf $0^0$ bezogen und sollen, da die Aufstiege im Sommer stattfinden, auf $25^0$ umgerechnet werden. Wie groß muß der Durchmesser $x$ sein, damit der Ballon noch eine Steigkraft von 200 kg hat?

Die spezifischen Gewichte sind bei dieser Temperatur nach Beispiel 24 (S. 80)
$$\frac{0{,}6}{1 + 25 \cdot 0{,}00366} \text{ und } \frac{1{,}293}{1 + 25 \cdot 0{,}00366} \text{ gleich } 0{,}550 \text{ und } 1{,}185.$$

Der Inhalt ist $\frac{\pi x^3}{6}$ cbm, das Gasgewicht $\frac{\pi x^3}{6} \cdot 0{,}550$ kg. Die Hülle wiegt $\pi x^2 \cdot 0{,}4$ kg, Gondel usw. 500 kg. Diese Kräfte ziehen den Ballon nach unten, nach oben wirkt der Auftrieb der Luft mit $\frac{\pi x^3}{6} \cdot 1{,}185$ kg. Somit gilt die Gleichung

$$\frac{\pi x^3}{6} \cdot 1{,}185 - \frac{\pi x^3}{6} \cdot 0{,}550 - \pi x^2 \cdot 0{,}4 - 500 = 200$$
$$0{,}332 x^3 - 1{,}26 x^2 - 700 = 0$$
$$x^3 - 3{,}78 x^2 - 2106 = 0.$$

Zur Konstruktion der Kurve $y = x^3 - 3{,}78 x^2 - 2106$ können die Wertepaare der folgenden Tabelle dienen

| $x$ | 0 | 2 | 4 | 6 | 8 | 10 | 12 | 14 | 16 |
|---|---|---|---|---|---|---|---|---|---|
| $y$ | −2106 | −2113 | −2102 | −2026 | −1836 | −1484 | −922 | −103 | +1836 |

$a = 14$ ist ein Näherungswert.

$$f'(x) = 3 x^2 - 7{,}56 x,$$

daher wird $\qquad h = -\dfrac{a^3 - 3{,}78\, a^2 - 2106}{3 a^2 - 7{,}56\, a}.$

$a = 14$ liefert $\qquad h = +\dfrac{103}{482} = 0{,}21;\quad a_1 = 14{,}21$ m.

$h_1$ wird schon praktisch bedeutungslos.

**Beispiel 28.** Ein Kreis soll durch eine Sehne in zwei Kreisabschnitte geteilt werden, deren Flächen sich wie 2 : 3 verhalten. Der Radius sei $r$, der zu dem kleineren Abschnitt gehörige Zentriwinkel $\alpha$. Dann sind die Flächen (vgl. Fig. 36)

$$F_1 = \frac{r^2}{2}(\alpha - \sin \alpha); \quad F_2 = r^2 \pi - F_1; \quad F_2 = \frac{r^2}{2}(2\pi - \alpha + \sin \alpha).$$

Es gilt die Proportion

$$(\alpha - \sin \alpha) : (2\pi - \alpha + \sin \alpha) = 2 : 3$$
$$3\alpha - 3 \sin \alpha = 4\pi - 2\alpha + 2 \sin \alpha$$
$$5\alpha - 5 \sin \alpha - 4\pi = 0$$
$$f = \alpha - \sin \alpha - 2{,}513 = 0$$
$$f' = 1 - \cos \alpha; \qquad h = -\frac{\alpha_0 - \sin \alpha_0 - 2{,}513}{1 - \cos \alpha_0},$$

wenn $\alpha_0$ der Näherungswert ist. Wir wählen

$$\alpha_0 = \pi$$

(zwei Halbkreise)

$$h = -\frac{0{,}629}{2} = -0{,}315. \qquad \alpha_1 = 2{,}827 = 162^0.$$

Die nächste Korrektion liefert $h = -0{,}0028;\ \alpha_2 = 161^0\ 50'$

**Beispiel 29.** Für welche Punkte der Kurve $y = e^{-x} \sin x$ (vgl. S. 59 f.) bildet die Tangente mit der $x$-Achse den Winkel $30^0$?

$$y' = e^{-x}(\cos x - \sin x) = \operatorname{tg} 30^0 = 0{,}5774$$
$$\cos x - \sin x = 0{,}5774 e^x; \quad f = \cos x - \sin x - 0{,}5774 e^x = 0$$
$$f' = -\sin x - \cos x - 0{,}5774\, e^x; \quad h = \frac{\cos x - \sin x - 0{,}5774\, e^x}{\sin x + \cos x + 0{,}5774\, e^x}.$$

Für $x = 0$ wird $y' = 1$, $\alpha = 45^0$. Für $x = \frac{\pi}{4} = 45^0$ wird $\alpha = 0$.

Zwischen diesen Werten von $x$ muß der gesuchte liegen, als ersten Näherungswert nehmen wir

$$\alpha = 22^0\, 30' = \frac{\pi}{8} = 0{,}3927.$$
$$h = \frac{-0{,}8139}{2{,}1617} = -0{,}1452; \quad a_1 = 0{,}2475 = 14^0\, 11'$$
$$h_1 = \frac{-0{,}0150}{1{,}9541} = -0{,}0077; \quad a_2 = 0{,}2398 = 13^0\, 44'.$$

## 3. Maxima und Minima.

Es sei wieder $h$ eine kleine Größe, während $x$ irgend einen endlichen Wert bedeute. $f$ sei eine Funktion, die nach steigenden Potenzen entwickelt werden kann.

$$f(x+h) = f(x) + hf'(x) + \frac{h^2}{2!}f''(x) + \cdots$$
$$f(x+h) = f(x) + h\left(f'(x) + \frac{h}{2!}f''(x) + \cdots\right).$$

Wie in Beispiel 21 auf S. 78 gezeigt wurde, kann $h$ so klein angenommen werden, daß das Vorzeichen der Potenzreihe nur von dem ersten Gliede abhängt. Diese Bemerkung wenden wir jetzt auf den Klammerausdruck an. Ist $f'(x)$ positiv, so ist es auch die Klammer. $h$ sei ebenfalls positiv, dann gilt dasselbe von $h \cdot (f'(x) + \cdots)$; $f(x+h)$ ist größer als $f(x)$; $f(x-h) = f(x) - h(f'(x) \mp \cdots)$ ist, da das zweite Glied negativ ist, kleiner als $f(x)$, die Kurve $y = f(x)$ hat im Punkte $x$, $y$ steigende Tendenz, was schon auf S. 41 geometrisch abgeleitet wurde. Genau ebenso zeigt man, daß, wenn $f'(x)$ negativ ist, $f(x+h)$ kleiner und $f(x-h)$ größer als $f(x)$ ist. ($h$ ist stets positiv angenommen.) Es kann aber $f'(x)$ auch einmal gleich Null sein, dann wird das Verhalten der Funktion erst durch das folgende Glied der Potenzreihe gekennzeichnet.

$$f(x+h) = f(x) + \frac{h^2}{2}\left(f''(x) + \frac{h}{3}f'''(x) + \cdots\right)$$
$$f(x-h) = f(x) + \frac{h^2}{2}\left(f''(x) - \frac{h}{3}f'''(x) + \cdots\right).$$

Auch hier ist bei genügend kleinem $h$ nur das erste Glied der Klammer für ihr Vorzeichen von Bedeutung. Wenn $f''(x)$ positiv ist, so ist sowohl $f(x+h)$ wie $f(x-h)$ größer als $f(x)$, da $h^2$ unbedingt positiv sein muß. Die Funktion hat für diesen speziellen Wert $x$ ein **Minimum**, denn sie ist kleiner als ihre Nachbarwerte. Ist dagegen $f''(x)$ negativ, so tritt ein **Maximum** ein, weil sowohl $f(x+h)$ wie $f(x-h)$ kleiner als $f(x)$ sind. Geometrisch sagt die Forderung $f'=0$, $f''>0$ aus, daß für den betreffenden Kurvenpunkt die Tangente der Abszissenachse parallel laufe und die Krümmung konkav sei (Punkt $G$ in Fig. 23, S. 41.). Man sieht unmittelbar, daß dann ein Minimum eintritt. Ebenso leicht erkennt man für $f'=0$, $f''<0$ ein Maximum (Punkt $D$). Nun kann aber außer $f'$ auch $f''=0$ sein.

$$f(x+h) = f(x) + \frac{h^3}{3!}\left(f'''(x) + \frac{h}{4}f''''(x) + \cdots\right).$$

In diesem Fall verläuft die Untersuchung wie vorher, man hat nur zu beachten, daß sich hinsichtlich des Vorzeichens $h^3$ wie $h$, $h^4$ wie $h^2$ verhält usw. Verschwindet also $f'$ und $f''$, aber nicht $f'''$, so tritt weder ein Maximum noch ein Minimum ein. Für

$$f'=0, \quad f''=0, \quad f'''=0, \quad f''''>0$$

hat man ein Minimum, für

$$f'=0, \quad f''=0, \quad f'''=0, \quad f''''<0$$

ein Maximum usf. Man kann zur Untersuchung die früher behandelten Ableitungskurven (S. 20) heranziehen.

**Beispiel 30.** Ein Wassergraben hat einen rechteckigen Querschnitt $Q = 0{,}5$ qm. Die Breite $x$ und die Tiefe $y$ sind so zu wählen, daß die vom strömenden Wasser benetzte Fläche möglichst klein wird, damit der Reibungswiderstand minimal ist. (Fig. 37.)

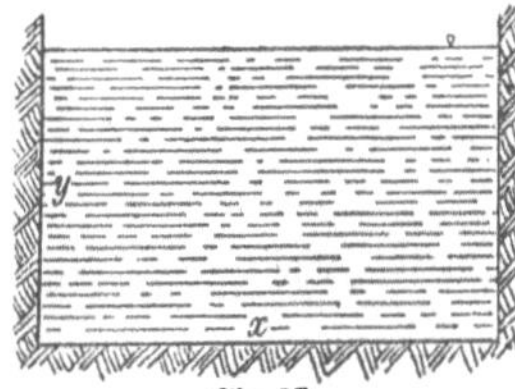

Aus $xy = 0{,}5$ folgt $y = \dfrac{0{,}5}{x}$. Es soll die Funktion

$$f(x) = x + 2y = x + \frac{1}{x}$$

zu einem Minimum gemacht werden.

$$f'(x) = 1 - \frac{1}{x^2} = 0$$

Fig. 37.

liefert $x = +1$; die Lösung $x = -1$ hat keine praktische Bedeutung. $y = \dfrac{0{,}5}{x}$ wird hier $= 0{,}5$; die Breite ist daher gleich der doppelten Tiefe.

$$y'' = \frac{+2}{x^3}$$

nimmt für $x = +1$ den positiven Wert 2 an. Wir haben es also

**88** VI. Anwendungen der Mac-Laurinschen und Taylorschen Reihe

wirklich mit einem Minimum zu tun, nicht mit einem Maximum oder einem Wendepunkt. $(y'' < 0)$

**Beispiel 31.** Ein Stab sei an einem Ende fest eingespannt und lagere mit dem anderen auf einer Stütze.

Nach den Lehren der Mechanik lautet die Gleichung der Linie, die seine neutrale Faser infolge seines Eigengewichtes $G$ kg bildet,

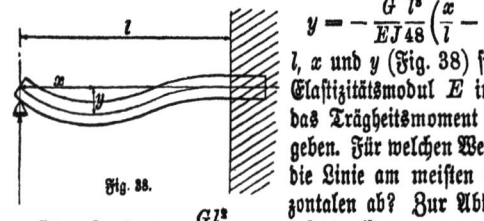

Fig. 38.

$$y = -\frac{G}{EJ}\frac{l^3}{48}\left(\frac{x}{l} - \frac{8x^3}{l^3} + \frac{2x^4}{l^4}\right).$$

$l$, $x$ und $y$ (Fig. 38) sind in cm, der Elastizitätsmodul $E$ in kg/qcm und das Trägheitsmoment $J$ in cm$^4$ gegeben. Für welchen Wert von $x$ weicht die Linie am meisten von der Horizontalen ab? Zur Abkürzung sei die positive Konstante $\frac{Gl^3}{EJ\cdot 48} = c$ gesetzt, also

$$y = -c\left(x - \frac{8x^3}{l^2} + \frac{2x^4}{l^3}\right)$$

$$y' = -c\left(1 - \frac{9x^2}{l^2} + \frac{8x^3}{l^3}\right); \quad y'' = -c\left(-\frac{18x}{l^2} + \frac{24x^2}{l^3}\right).$$

Zum Eintritt eines Maximums oder Minimums ist erforderlich

$$1 - \frac{9x^2}{l^2} + \frac{8x^3}{l^3} = 0;\ 8x^3 - 9x^2l + l^3 = 0;\ 8x^3 - 8x^2l - x^2l + l^3 = 0$$

$$8x^2(x - l) - l(x^2 - l^2) = 0; \quad (x-l)[8x^2 - l(x + l)] = 0.$$

Für $x = l$ tritt ein Maximum ein, da $y' = 0$, $y''$ negativ wird. Die zweite Möglichkeit dafür, daß $y'$ verschwindet, erhält man, wenn man

$$8x^2 - l(x+l) = 0$$

setzt.

$$8x^2 - lx - l^2 = 0;\ x^2 - \frac{lx}{8} = \frac{l^2}{8};\ x^2 - \frac{lx}{8} + \left(\frac{l}{16}\right)^2 = \frac{l^2}{8} + \frac{l^2}{256} = \frac{33l^2}{256}$$

$$\left(x - \frac{l}{16}\right)^2 = \frac{33l^2}{256};\quad x - \frac{l}{16} = \pm\frac{l}{16}\sqrt{33};\quad x = \frac{l}{16} \pm \frac{l}{16}\sqrt{33};$$

$$x = \frac{l}{16}(1 + \sqrt{33}).$$

Das negative Vorzeichen der Wurzel kann unberücksichtigt bleiben, da negative Werte von $x$ praktisch unmöglich sind. Es ergibt sich also

$$x = 0{,}4215\, l.$$

$y''$ liefert für dieses $x$ den positiven Wert $y'' = +3{,}323\,\frac{c}{l}$; $y$ wird ein Minimum, dessen Größe resultiert, wenn man den errechneten Wert von $x$ in die allgemeine Formel für $y$ einsetzt.

$$y_{\min} = -0{,}00542 \frac{Gl^3}{EJ}.$$

Die Kurve hat Wendepunkte für $x = 0$ (bedeutungslos) und für $x = \frac{3}{4} l$. Hier wird $y'' = 0$, und zugleich mit dem Vorzeichen dieser Größe ändert die Kurve die Art ihrer Krümmung.

Fig. 39 erläutert die Aufgabe graphisch. Die Ordinaten der Ableitungskurven sind aus leicht ersichtlichen Gründen im Maßstab 1:10 verkleinert worden. Es wurde $c = l = 1$ gesetzt.

**Beispiel 32.** Ein Kreis hat den Durchmesser $d$. Es soll ein Rechteck mit den Seiten $x$ und $y$ gezeichnet werden, dessen Ecken auf der Peripherie liegen und dessen Seiten den Ausdruck $xy^n$ zu einem Maximum oder Minimum machen. (Fig. 40.)

Zur Lösung führt man am besten den zwischen $x$ und $d$ liegenden Hilfswinkel $\varphi$ ein.

$$x = d \cos \varphi, \quad y = d \sin \varphi;$$
$$xy^n = d^{n+1} \cos \varphi \sin^n \varphi = \text{Min}.$$

Da $d^{n+1}$ konstant bleibt, untersuchen wir die Funktion
$$f = \cos \varphi \sin^n \varphi.$$

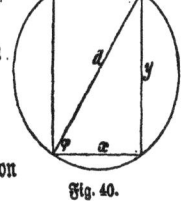

Fig. 40.

Es ist
$$f' = -\sin \varphi \cdot \sin^n \varphi + n \cos \varphi \sin^{n-1} \varphi \cdot \cos \varphi = \sin^{n-1} \varphi (n \cos^2 \varphi - \sin^2 \varphi)$$
$$f'' = (n-1) \cos \varphi \sin^{n-2} \varphi (n \cos^2 \varphi - \sin^2 \varphi)$$
$$\qquad\qquad + \sin^{n-1} \varphi (-2n \sin \varphi \cos \varphi - 2 \sin \varphi \cos \varphi)$$
$$f'' = (n-1) \cos \varphi \sin^{n-2} \varphi (n \cos^2 \varphi - \sin^2 \varphi) - 2(n+1) \sin^n \varphi \cos \varphi$$

$f'$ verschwindet, wenn $\sin \varphi = 0$, also $x = d$ und $y = 0$ ist, was wir als praktisch bedeutungslos außer Betracht lassen wollen, oder wenn

$$n \cos^2 \varphi - \sin^2 \varphi = 0, \quad \frac{\sin^2 \varphi}{\cos^2 \varphi} = n, \quad \operatorname{tg} \varphi = \sqrt{n}$$

ist. Die Aufgabe ist daher nur für positive $n$ lösbar, auch hat nur das positive Wurzelvorzeichen Bedeutung, da $\varphi$ nie negativ oder stumpf werden kann. Für den genannten Wert von $\varphi$ verschwindet der erste Bestandteil von $f''$, der zweite besitzt das negative Vorzeichen, wir haben also ein Maximum.

a) $n = 1$; $xy^1$ ist der Flächeninhalt des Rechteckes, der ein Maximum wird, wenn

**90** VI. Anwendungen der Mac-Laurinschen und Taylorschen Reihe

$$\operatorname{tg} \varphi = 1, \quad \varphi = 45^0, \quad x = y = d \cdot \frac{1}{2}\sqrt{2}$$

wird. Soll aus einem zylindrischen Baumstamm ein Balken von möglichst großem rechteckigen Querschnitt geschnitten werden (der Abfall also möglichst gering sein), so muß das Rechteck ein Quadrat sein.

b) $n = 2$; $xy^2$ ist dem Widerstandsmoment $\frac{xy^2}{6}$ proportional. Dies erreicht ein Maximum, wenn $\operatorname{tg} \varphi = \sqrt{2}$, die Höhe sich also zur Breite wie $\sqrt{2} : \sqrt{1}$ verhält. Man findet leicht

$$x = d\sqrt{\frac{1}{3}}, \qquad y = d\sqrt{\frac{2}{3}}.$$

Das Widerstandsmoment ist ein Maß für den Widerstand, den der Balken der Durchbiegung entgegensetzt, wenn die Biegungskraft parallel zu $y$ wirkt.

c) $n = 3$; $xy^3$ ist dem Trägheitsmoment proportional. Je größer dieses ist, um so weniger weicht der Stab bei Biegungsbeanspruchung von der horizontalen Lage ab. Man erhält ein Maximum, wenn $\operatorname{tg} \varphi = y : x = \sqrt{3}$ ist.

$$x = \frac{d}{2}, \qquad y = \frac{d}{2}\sqrt{3}.$$

Zur Konstruktion der allgemeinen Lösung teile man den Durchmesser in $n + 1$ gleiche Teile und errichte im ersten Teilpunkt das Lot bis zur Peripherie. Die Verbindungslinien seines Endpunktes mit den Endpunkten des Durchmessers sind die Seiten des Rechtecks.

**Beispiel 33.** Es ist der größte Ausschlag der durch die Gleichung

$$y = ae^{-bx}(e^{cx} - e^{-cx})$$

gekennzeichneten aperiodischen Schwingung zu ermitteln.

$$y' = -abe^{-bx}(e^{cx} - e^{-cx}) + ae^{-bx}(ce^{cx} + ce^{-cx})$$
$$y' = ae^{-bx}[-be^{cx} + be^{-cx} + ce^{cx} + ce^{-cx}]$$
$$y' = ae^{-bx}[(b+c)e^{-cx} - (b-c)e^{cx}].$$

Da der erste Faktor für endliche Werte von $x$ nicht verschwindet, so muß der zweite Null werden.

$$(b-c)e^{cx} = (b+c)e^{-cx},$$

daher $\qquad e^{2cx} = \dfrac{b+c}{b-c}, \quad x = \dfrac{1}{2c}\ln\left(\dfrac{b+c}{b-c}\right); \quad b > c.$

Durch Untersuchung von $y''$ findet man, daß ein Maximum eintritt.

## Siebentes Kapitel.
# Prüfungsmethoden.

Hat man zu irgendeinem Zweck von einer gegebenen Funktion $y = f(x)$ die Ableitung $f'(x)$ gebildet, so wird man gern die Richtigkeit der Rechnung kontrollieren wollen, ehe man auf ein möglicherweise falsches Ergebnis weitere Untersuchungen gründet. Mancher wird nie ein gewisses Gefühl der Unsicherheit im Differentiieren los, weil ihm solche Prüfungsverfahren unbekannt sind.

Die meisten Fehler werden schon vermieden, wenn die Rechnung mit einer gewissen Behaglichkeit und großer Sorgfalt ausgeführt wird. Man gewöhne sich an eine übersichtliche Anordnung (keine verstreuten Zettelnotizen!), schreibe deutlich und notiere auch Zwischenergebnisse auf. Die größere Schreibarbeit wird weitaus durch das Gefühl der Sicherheit aufgewogen; ein beim „Kopfrechnen" gemachter Fehler entzieht sich besonders gern der Nachprüfung, vor allem, wenn es sich nicht nur um Zahlen, sondern um Formeln handelt.

Bei der Aufzählung der wichtigsten Prüfungsmethoden unterscheiden wir Verfahren, die zum Ziele führen, wenn die gegebene Funktion $y = f(x)$ außer $x$ nur bekannte Zahlen, keine Buchstabengrößen $a$, $b$, $c$ u. dgl. enthält, von den Mitteln, welche anzuwenden sind, wenn die Funktion dieser Beschränkung nicht unterliegt.

Im ersten Falle beachte man folgende Winke, die an dem einfachen Beispiel $y = \sqrt{1 - 4x^2}$ erläutert werden; nicht, als ob es nötig wäre, gerade dies zu prüfen, sondern um die wichtigsten Verfahren darzulegen.

**1. Verschiedene Lösungsmöglichkeiten.** Man schlage bei derselben Aufgabe verschiedene Wege ein. Die Regeln über Differentiation impliziter Funktionen, über Funktionen von Funktionen usw. kommen hier in Betracht. Für unser Beispiel sind etwa folgende Methoden zweckmäßig:

**a)** $y = \sqrt{1 - 4x^2};\ 1 - 4x^2 = z;\ y = z^{\frac{1}{2}};\ \dfrac{dy}{dz} = \tfrac{1}{2} z^{-\frac{1}{2}} = \dfrac{1}{2\sqrt{z}}$

$= \dfrac{1}{2\sqrt{1-4x^2}};\ \dfrac{dz}{dx} = -8x;\ \dfrac{dy}{dx} = \dfrac{dy}{dz} \cdot \dfrac{dz}{dx} = -\dfrac{4x}{\sqrt{1-4x^2}}$

(Satz 5 auf S. 24).

**b)** Es kann eine **Hilfsgröße** $t$ eingeführt werden, in unserem Fall empfiehlt es sich, $2x = \sin t$ zu setzen.

$y = \sqrt{1-4x^2} = \sqrt{1-\sin^2 t} = \cos t;\ \dfrac{dy}{dt} = -\sin t = -2x;$

$\dfrac{dx}{dt} = \tfrac{1}{2}\cos t = \tfrac{1}{2}\sqrt{1-4x^2};\ \dfrac{dt}{dx} = \dfrac{2}{\sqrt{1-4x^2}};\ \dfrac{dy}{dx} = \dfrac{dy}{dt}\cdot\dfrac{dt}{dx} = -\dfrac{4x}{\sqrt{1-4x^2}}.$

c) $y = \sqrt{(1+2x)(1-2x)} = \sqrt{1+2x}\cdot\sqrt{1-2x} = u\cdot v.$ (Vgl. S. 23, Satz 3.)

$u' = \dfrac{1}{\sqrt{1+2x}};\ v' = -\dfrac{1}{\sqrt{1-2x}};\ y' = u'v + v'u = \dfrac{\sqrt{1-2x}}{\sqrt{1+2x}} - \dfrac{\sqrt{1+2x}}{\sqrt{1-2x}}$

$y' = \dfrac{(1-2x)-(1+2x)}{\sqrt{1-4x^2}} = -\dfrac{4x}{\sqrt{1-4x^2}}.$

d) $y^2 = 1-4x^2;\ y^2+4x^2-1=0;\ y' = -\left(\dfrac{\partial f}{\partial x}\right):\left(\dfrac{\partial f}{\partial y}\right).$ (Vgl. S. 24, Satz 6.)

$$y' = -\dfrac{8x}{2y} = -\dfrac{4x}{\sqrt{1-4x^2}}.$$

**2. Tangentenkonstruktion.** Man zeichnet die Kurve, deren Gleichung $y = f(x)$ ist, auf, rechnet für eine Anzahl von Werten $x_1, x_2, x_3 \cdots x_n$ die zugehörigen Ordinaten $y_1, y_2, y_3 \cdots y_n$ und die zugehörigen Werte des Steigungsmaßes $y'$ aus und bestimmt (trigonometrisch oder rein zeichnerisch) die Tangentenwinkel $\alpha_1, \alpha_2, \alpha_3 \cdots \alpha_n$. Hierauf zieht man Gerade, die diese Winkel mit der positiven X-Achse bilden, konstruiert parallel zu ihnen die Tangenten (vgl. Fig. 26 auf S. 43) und sieht zu, ob sie die Kurve in den berechneten Punkten berühren.

**3. Vergleich mit dem Differenzenquotienten.** Man nimmt $\Delta x$ ziemlich klein an und berechnet für einen beliebigen Wert $x_1$ den Ausdruck $\Delta y_1 = f(x_1+\Delta x) - f(x_1)$, ebenso für einen andern Wert $x_2$ die Größe $\Delta y_2 = f(x_2+\Delta x) - f(x_2)$ usw. Die Differenzenquotienten $\dfrac{\Delta y}{\Delta x}$ müssen den Differentialquotienten für dieselben Werte von $x$ um so näher kommen, je kleiner $\Delta x$ wird. Nimmt man z. B. in $y = \sqrt{1-4x^2}$ die Abszissen $x_1=0;\ x_2=0{,}1;\ x_3=0{,}2;\ x_4=0{,}3;\ x_5=0{,}4$ und macht $\Delta x$ stets gleich 0,001, so ist

| $x$ | 0 | 0,1 | 0,2 | 0,3 | 0,4 |
|---|---|---|---|---|---|
| $y$ | 1 | 0,9798 | 0,9165 | 0,8000 | 0,6000 |
| $\dfrac{\Delta y}{\Delta x}$ | −0,02 | −0,43 | −0,90 | −1,54 | −2,76 |
| $y'$ | 0 | −0,41 | −0,87 | −1,50 | −2,67 |

### 4. Entwicklung in Potenzreihen.

Man entwickelt die gegebene Funktion $y = f(x)$ in eine konvergente Potenzreihe $R_1$, ebenso die berechnete Ableitung $y' = f'(x)$ in eine zweite Potenzreihe $R_2$. Dann muß $R_2$ auch die Ableitung von $R_1$ sein. So ist

$$\sqrt{1 - 4x^2} = (1 - 4x^2)^{\frac{1}{2}} = 1 - 2x^2 - 2x^4 - 4x^6 - 10x^8 - \cdots;$$
$$\frac{1}{\sqrt{1 - 4x^2}} = (1 - 4x^2)^{-\frac{1}{2}} = 1 + 2x^2 + 6x^4 + 20x^6 + \cdots \text{ (S. 69,}$$

Beispiel 12 für $n = \pm \frac{1}{2}$).

Die Reihen konvergieren, wenn $4x^2$ kleiner als 1 ist, $x$ also zwischen $-\frac{1}{2}$ und $+\frac{1}{2}$ liegt. Der Differentialquotient der ersten Reihe ist $-4x - 8x^3 - 24x^5 - 80x^7 - \cdots$, und dieser Ausdruck ist genau gleich $-4x \cdot \dfrac{1}{\sqrt{1 - 4x^2}}$.

In vielen Fällen genügt eine Näherungsformel, die nur die erste oder zweite Potenz berücksichtigt, zumal dann, wenn der Verdacht vorliegt, daß in dem errechneten Differentialquotienten ein fehlerhafter konstanter Faktor auftritt.

Wir fassen jetzt den Fall ins Auge, daß, im Gegensatz zu unserer bisherigen Annahme, in $f(x)$ auch Konstanten vorkommen, deren Zahlenwert man nicht angeben kann.

**1. Verschiedene Lösungsmöglichkeiten.** Auch hier wird es von größtem Vorteil sein, wenn man auf recht verschiedenen Wegen zum Ziel zu gelangen versucht. So kann z. B. die Funktion $y = \sqrt{a^2 - b^2 x^2}$ ganz ebenso behandelt werden wie der früher besprochene Spezialfall.

Die graphischen Methoden werden im allgemeinen versagen, ebenso wird die Berechnung von $\dfrac{\Delta y}{\Delta x}$ oft Schwierigkeiten bieten.

**2. Entwicklung in Potenzreihen.** Die Entwicklung in Potenzreihen läßt sich auch hier oft mit Vorteil anwenden, nur macht die Untersuchung der Konvergenz bisweilen Schwierigkeiten; als Spezialfall der Potenzreihen kann man die Näherungsformeln gebrauchen. Soll z. B. untersucht werden, ob der Differentialquotient von $x^n e^{ax}$ gleich $nx^{n-1} e^{ax} + x^n e^{ax}$ ist, so kann man die Exponentialreihe unbedenklich anwenden, da sie stets konvergiert.

$$y = x^n \cdot e^{ax} = x^n \left(1 + ax + \frac{a^2 x^2}{1 \cdot 2} + \frac{a^3 x^3}{1 \cdot 2 \cdot 3} + \cdots\right) = x^n + ax^{n+1} + \frac{a^2 x^{n+2}}{2}$$
$$+ \frac{a^3 x^{n+3}}{6} + \cdots$$

Der Differentialquotient dieser Potenzreihe ist

$$y' = nx^{n-1} + (n+1)ax^n + \frac{n+2}{2}a^2x^{n+1} + \frac{n+3}{6}a^3x^{n+2} + \cdots$$

Anderseits ist

$$nx^{n-1}e^{ax} + x^n e^{ax} = nx^{n-1} + nax^n + \frac{n}{2}a^2x^{n+1} + \frac{n}{6}a^3x^{n+2} + \cdots$$
$$+ x^n + ax^{n+1} + \frac{a^2x^{n+2}}{2} + \cdots$$

$$nx^{n-1}e^{ax} + x^n e^{ax} = nx^{n-1} + (na+1)x^n + \frac{a}{2}(na+2)x^{n+1} +$$
$$+ \frac{a^2}{6}(na+3)x^{n+2} + \cdots,$$ ein Ausdruck, der sicherlich nicht mit dem für $y'$ gefundenen übereinstimmt. Wäre jedes Glied des zweiten Summanden $a$ mal so groß, so wäre die Übereinstimmung hergestellt, und in der Tat ist die Ableitung unseres Ausdrucks gleich $nx^{n-1}e^{ax} + ax^n e^{ax}$, denn wenn man $e^{ax}$ differentiiert, so erhält man $ae^{ax}$.

Man hätte den Fehler auch schon bei Anwendung einer Näherungsformel gefunden. $e^x \approx 1 + x$; $e^{ax} \approx 1 + ax$; $y \approx x^n + ax^{n+1}$; $y' \approx nx^{n-1} + (n+1)ax^n$, während $nx^{n-1}e^{ax} + x^n e^{ax} \approx nx^{n-1} + nax^n + x^n + ax^{n+1}$ ist.

**3. Spezialisierung.** Man kann den Konstanten in $f(x)$ einfache Zahlenwerte beilegen, z. B. 0, 1, $-1$, $\frac{1}{2}$ usw., oder man kann sie unendlich groß werden lassen. Man pflegt dann auf wenig komplizierte Ausdrücke zu kommen, die oft auch numerisch ganz bestimmt sind. Sie lassen sich meistens sehr leicht differentiieren. Ist die Ableitung des allgemeinen Ausdrucks richtig gebildet, so müssen aus dem allgemeinen Differentialquotienten die speziellen durch Einsetzen jener vereinfachenden Zahlenwerte folgen. Ist ein Widerspruch da, so hat man an irgendeiner Stelle einen Fehler begangen, die Übereinstimmung läßt aber noch nicht exakt auf die Richtigkeit des zu prüfenden allgemeinen Ergebnisses schließen, doch mit um so größerer Wahrscheinlichkeit, je mehr Stichproben man macht. Es verhält sich mit diesem Prüfungsverfahren etwa so wie mit der im elementaren Rechnen gebrauchten Neuner= und Elferprobe.

Nehmen wir beispielsweise an, jemand habe $y = e^{ax}\sin(bx+c)$ zu differentiieren. Er setzt die Ableitung dieses Ausdrucks gleich $ae^{ax}\sin(bx+c)$ und will das Resultat durch Spezialisierung prüfen.

Für $b = 0$ wird $y = e^{ax}\sin c$ und $y' = ae^{ax}\sin c$. Dieser Spezial=

wert von $y'$ geht aus dem gefundenen allgemeinen Werte von $y'$ hervor, wenn man $b=0$ setzt.

Wird aber $a=0$ gesetzt, so wird $y=\sin(bx+c)$; $y'=b\cos(bx+c)$ und nicht, wie man aus $ae^{ax}\sin(bx+c)$ schließen müßte, gleich Null. Der angegebene Differentialquotient ist also trotz des Gelingens der ersten Probe fehlerhaft gebildet. Wie man leicht erkennt, ist der zweite Summand, der bei der Produktenregel auftrat, vergessen worden. Der richtige Wert ist $y'=ae^{ax}\sin(bx+c)+be^{ax}\cos(bx+c)$. Dieser Ausdruck besteht jede Prüfung.

## Lösungen.

**1.** $CL$ ist die Abszisse, $CA$ die Ordinate in dem Koordinatensystem mit den Achsen $AB$ und $AE$. Durch passende Wahl der Koordinaten kann jeder Punkt der Ebene (jeder Ort des Grundstücks) erreicht werden. **2.—6.** Man erhält Gerade. **7.—12.** Parabeln. (Vgl. Kapitel IV.) **13.—20.** Verschiedene Kurven. **21.** Solche Punkte sind die Schnittpunkte mit den Achsen, sowie die höchsten und tiefsten Punkte. Die Vergrößerung des Maßstabes erhöht die Genauigkeit. **22.** Klein. **23.** Nein. (Vgl. 21.) **25.** Aufgabe 17, 18, 20 wegen des doppelten Vorzeichens einer Quadratwurzel. **26.** Aufgabe 13 für $x=0$; 14 für $x=-3$; 16 für $x=1$; 20 für $x=2,5$. **27.** An den eben genannten Stellen. **28.** Nein, wenn man von den eben genannten Stellen absieht. **29.** $y=b$. **30.** $\Delta y=0$. **31.** $y'=2x$. **32.** $6x$. **33.** $\frac{1}{6}x$. **34.** $\frac{1}{6}x+8$. **35.** $2x+1$. **36.** Für $\Delta x=1$ ist $\Delta y=x\cdot 3^2-x\cdot 2^2=15,71$. Der Differenzenquotient ist $15,71:1=15,71$, der Sekantenwinkel $86°21',5$; für $\Delta x=0,9$ erhält man $15,39$; $86°17'$ usw. Der Differentialquotient ist $12,57$, der Tangentenwinkel $85°27'$. **37.** Die Zunahme des Volumens ist $\Delta y=3x^2\Delta x+3x(\Delta x)^2+(\Delta x)^3$. Der Differenzenquotient ist $3x^2+3x\Delta x+(\Delta x)^2$. **38.** $\operatorname{tg}\alpha=y'=3x^2=3y:x=y:\tfrac{1}{3}x$. **39.** Symmetrisch. **40.** Ja. **41.** Nein. **42.** $y'=\frac{9}{10}x^2$. **43.** $\frac{3}{4}x^2+1$. **44.** $-\frac{1}{2}x^2+2x$. **45.** $-3x^2+2x$. **46.** Die verlangten speziellen Werte sind z. B. im Falle der 42. Aufgabe: $0$; $0,3$; $1,2$; $2,7$; $4,8$. **48.** $y'=0,04x^2$. **49.** $0,4x^3-0,6x^2$. **50.** $4x^3-100$. **51.** und **52.** Vgl. S. 18f. **53.** $y'=4x^3$; $y''=12x^2$; $y'''=24x$; $y^{IV}=24$; $y^V=y^{VI}=\ldots=0$. **54.** Ist $y=x^n$, so ist $y'=nx^{n-1}$; $y''=n(n-1)x^{n-2}$ usw. Der $n$te Differentialquotient ist konstant, alle folgenden verschwinden. **56.** Vgl. Satz 1 auf S. 22. **57.** Satz 1 und Satz 2 liefert $y'=af'(x)+b\varphi'(x)$. **58.** Man setze $uv=t$ und differentiiere nach Satz 3. Ergebnis: $y'=u'vw+uv'w+uvw'$.

59. $y' = 4x$. 60. $y' = 10x$. 61. $y' = x^2$. 62. $5x^4 - 24x^3 + 9x^2 + 24x - 16$.
63. $\varphi(c) = c$; $\varphi'(x) = 0$. 64. $y' = -\dfrac{1}{(x+1)^2}$. 65. $\dfrac{b-a}{(x+b)^2}$. 66. $\dfrac{-3x^2 - 8x + 1}{(x^2 - x - 1)^2}$.
67. $\dfrac{x^2(g-a) + 2x(h-b) + ah - bg}{(x^2 + gx + h)^2}$. 68. $x + 1 = z$, $y = z^6$; $\dfrac{dy}{dz} = 6z^5 =$
$= 6(x+1)^5$; $\dfrac{dz}{dx} = 1$; $\dfrac{dy}{dx} = \dfrac{dy}{dz} \cdot \dfrac{dz}{dx} = 6(x+1)^5 = 6x^5 + 30x^4 + 60x^3 +$
$+ 60x^2 + 30x + 6$.  69. und 70. liefern dasselbe Ergebnis; warum?
71. $y' = n(b + 2cx)(a + bx + cx^2)^{n-1}$. 72. 1. Lösung: $\varphi(x, y) = xy - a^2$;
$\dfrac{\partial \varphi}{\partial x} = y$; $\dfrac{\partial \varphi}{\partial y} = x$; $y' = -\dfrac{y}{x}$.  2. Lösung: $y = \dfrac{a^2}{x} = a^2 x^{-1}$; $y' = -a^2 x^{-2}$
$= -\dfrac{a^2}{x^2} = -\dfrac{y}{x}$.  3. Lösung: $y = \dfrac{u}{v}$; $u = a^2$; $u' = 0$; $v = x$; $v' = 1$; $y' = -\dfrac{a^2}{x^2}$.
73. $y' = -\dfrac{2a}{x^3} = -\dfrac{2y}{x}$. 74. $y' = -3bx^{-4}$. 75. $y' = -7cx^{-8}$. 76. $y' = \dfrac{1}{2\sqrt{x}}$.
77. $y' = \dfrac{1}{4\sqrt[4]{x^3}}$. 78. $y' = \dfrac{4}{5\sqrt[5]{x}}$. 79. $-\dfrac{1}{2\sqrt{x^3}}$. 80. $-\dfrac{3}{2\sqrt{x^5}}$. 81. $-\dfrac{2}{3\sqrt[3]{x^5}}$.
82. $\dfrac{x}{\sqrt{x^2-1}}$. 83. $-\dfrac{1}{(x-1)\sqrt{x^2-1}}$. 84. $\dfrac{b + 2cx}{3\sqrt[3]{(a+bx+cx^2)^2}}$. 85. a) $\dfrac{1}{57{,}80}$;

b) $\dfrac{1}{3498}$; c) $\dfrac{1}{206\,800}$. Die Nenner sind auf manchen Rechenschiebern durch Striche bezeichnet. Sekunden kommen wegen ihrer Kleinheit bei technischen Rechnungen nur ausnahmsweise in Betracht.  86.

| $x$ im Bogenmaß | $x$ im Gradmaß | $\sin x$ | $\Delta y$ $= \sin x - \sin 0{,}3$ | $\Delta x$ | $\dfrac{\Delta y}{\Delta x}$ |
|---|---|---|---|---|---|
| 1,3 | 74°29′ | 0,9635 | 0,6680 | 1,0 | 0,668 |
| 1,1 | 63°2′ | 0,8912 | 0,5958 | 0,8 | 0,745 |
| 0,9 | 51°34′ | 0,7833 | 0,4878 | 0,6 | 0,813 |
| 0,7 | 40°6′ | 0,6442 | 0,3486 | 0,4 | 0,871₅ |
| 0,5 | 28°39′ | 0,4794 | 0,1839 | 0,2 | 0,919₅ |
| 0,3 | 17°11′ | 0,2955 | 0 | 0 | $\dfrac{0}{0}$ |

Der Differentialquotient $y' = \cos x$ nimmt für $x = 0{,}3$ den Wert $\cos 17°\,11'$ $= 0{,}9554$ an. Fig. 41 zeigt den Übergang deutlich; auf der Abszissenachse sind die Werte von $\Delta x$, auf der Ordinatenachse die von $\dfrac{\Delta y}{\Delta x}$ abgetragen und für $x = 0$ der Differentialquotient $\dfrac{dy}{dx}$. 87. Die Kurve stellt das Anfangsstück der Fig. 41 vergrößert dar und verläuft fast geradlinig.

**89.** $n \cos(nx)$. **90.** $-n \sin(nx)$.

**91.** $\dfrac{n}{\cos^2(nx)}$. **92.** $-\dfrac{n}{\sin^2(nx)}$.

**93.** $ma \cos(mx) - nb \sin(nx)$.

**94.** $ac \cos(ct+b)$. **95.** $2 \sin x \cos x = \sin 2x$.

**96.** $-\sin 2x$.

**97.** 0. ($\sin^2 x + \cos^2 x$ hat den konstanten Wert 1).

**98.** $\dfrac{1}{\sqrt{a^2-x^2}}$. **99.** $-\dfrac{1}{\sqrt{a^2-x^2}}$.

**100.** $\dfrac{a}{a^2+x^2}$. **101.** $-\dfrac{a}{a^2+x^2}$.

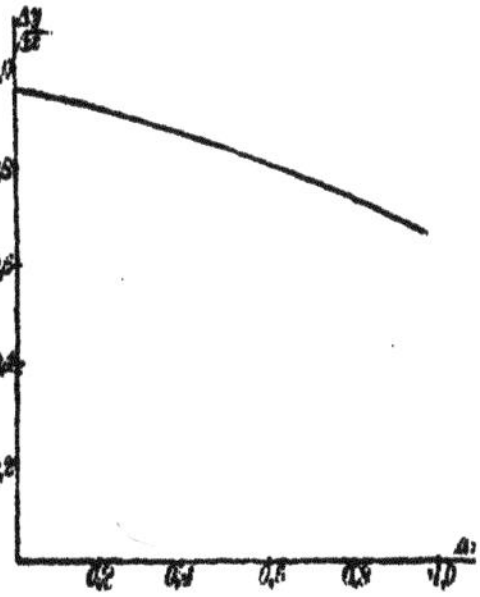

Fig. 41.

**102.** $y' = \dfrac{1}{\sqrt{1-x^2}}$ liefert bei Anwendung des Pythagoras eine leichte Tangentenkonstruktion. **103.** Man sieht (Fig. 42) wie die Kurve mit wachsendem $n$ einer Grenzlage zustrebt, nämlich der Geraden, die im Abstand $e = 2,718\ldots$ zur $n$-Achse parallel gezogen ist. Um den Grenzwert im endlichen Zahlengebiet zu erhalten, setze man $n = \dfrac{1}{p}$, also $y = (1+p)^{\frac{1}{p}} = \sqrt[p]{1+p}$

Fig. 42. Fig. 43.

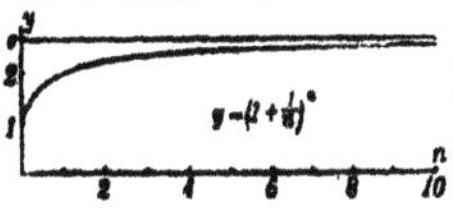

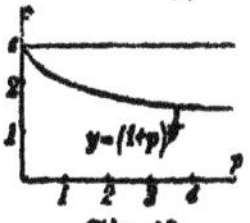

(Fig. 43). **105.** Zur Prüfung der Ergebnisse vgl. Beispiel 17 auf S. 73.
**110.** $\mathfrak{Cos}\, x + \mathfrak{Sin}\, x = \tfrac{1}{2}(e^x + e^{-x}) + \tfrac{1}{2}(e^x - e^{-x}) = e^x$. **111—114** folgen auch aus den Formeln 18 und 19 auf S. 37. **115.** $x + \sqrt{x^2+a^2} = v$;
$\dfrac{dv}{dx} = 1 + \dfrac{x}{\sqrt{x^2+a^2}} = \dfrac{x+\sqrt{x^2+a^2}}{\sqrt{x^2+a^2}}$; $\dfrac{dy}{dx} = \dfrac{dy}{dv} \cdot \dfrac{dv}{dx} = \dfrac{1}{\sqrt{x^2+a^2}}$. **116 a.** $v = gt$,
**b.** $v = gt \sin\alpha$. **120.** In diesem kleinen Intervall wächst der Sinus fast gleichförmig. Nimmt $d$ um 10' zu, so vergrößert sich der Sinus um 27 Einheiten der letzten Dezimale, wird $d$ um $x$ Minuten größer, so muß der Sinus um $y = 2,7 x$ vermehrt werden. (Gerade Linie!) $\sin 20°37' = 0,3502 + 0,0019 = 0,3521$; $\alpha = 20°33'$. Die graphische Interpolation ist für alle Funktionen von einigermaßen regelmäßigem Verlauf dann am Platze, wenn mehrere Einschaltungen auszuführen sind. **121.** $s = \tfrac{1}{2} g t^2 = 4,905\, t^2$ Meter.
**122.** In $t$ Sekunden bewegt sich ein Wasserteilchen wagerecht um die Strecke $x = ct$ Meter, in derselben Zeit fällt es um $y = \tfrac{1}{2} g t^2$ Meter. Zwischen $x$ und $y$ besteht daher die Beziehung $y = \dfrac{gx^2}{2c^2}$. Die Bahn ist eine Parabel, die positive

Richtung der Ordinate weist nach unten. Weitere Beispiele über Wurfbewegung gibt jedes ausführlichere physikalische Lehrbuch. **123.** $W = \dfrac{P v^2}{2g}$. (Parabel.) a) $v = 343$ m/sec, b) 485, c) 594. **124.** Ist der Strom $i$ Ampere stark, so beträgt die Wärmemenge $Q = 0{,}24\, i^2 w$ Grammkalorien; in unserem Fall ist $Q = 28{,}8\, i^2$. **125.** Schnittpunkte: $x = 0$, $y = 0$; $x = 1$, $y = 1$; $x = -1$, $y = -1$. Die Kurven steigen verschieden stark an, der den positiven Werten von $x$ entsprechende Teil ist dem andern symmetrisch. **126.** Die Kurven ähneln der Parabel. Schnittpunkte: $x = 0$, $y = 0$; $x = \pm 1$, $y = 1$. **127.** Inverse Funktionen. **132.** Für $n = 1$ (Isotherme) wird $p = 6$ Atm., für $n = 1{,}41$ (Adiabate), $p = 12{,}51$; $n = 1{,}1$, $p = 7{,}18$; $n = 1{,}2$, $p = 8{,}59$; $n = 1{,}3$, $p = 10{,}27$. **136.** Die erste Kurve gibt die Periodizität, die zweite das Abklingen der dritten wieder. **137.** Schnittpunkte mit der X-Achse: $x = 0$, $\dfrac{\pi}{c}$, $\dfrac{2\pi}{c}$ ... Sie sind zugleich Wendepunkte. Die Tangente in ihnen bildet den Winkel $\pm \dfrac{\pi}{4} (= 45^\circ)$ mit der X-Achse. Für die Scheitel der Kurve ist $\varrho = \dfrac{1}{a c^2}$. **140.** Da $y = m \operatorname{\mathfrak{Cos}}\left(\dfrac{x}{m}\right)$ ist, so erinnere man sich an Aufgabe 109; $y' = \dfrac{1}{m}\sqrt{y^2 - m^2}$ gibt eine einfache Tangentenkonstruktion, der Krümmungsradius ist $\varrho = \dfrac{y^2}{m}$, da $1 + (y')^2 = \dfrac{y^2}{m^2}$, $y'' = \dfrac{y}{m^2}$ ist. Seine Länge ist gleich der Normalen, gerechnet vom Kurvenpunkt bis zur X-Achse. (Fig. 44.) **143.** Lösung $s = \dfrac{1}{1 - \tfrac{1}{2}} = 2$. Die geometrische Veranschaulichung gibt Fig. 45, in der das Rechteck $ABCD = 2$ in zwei gleiche Flächen zerlegt wurde, die eine von ihnen ($EFBC$) wieder usf.

Fig. 44.

**144.** $x = a\left(1 + \dfrac{\varphi^2}{2} - \dfrac{\varphi^4}{1 \cdot 2 \cdot 4} + \dfrac{\varphi^6}{1 \cdot 2 \cdot 3 \cdot 4 \cdot 6} \mp \cdots\right);\ y = a\varphi^3\left(\dfrac{1}{1 \cdot 3} - \dfrac{\varphi^2}{1 \cdot 2 \cdot 3 \cdot 5} + \dfrac{\varphi^4}{1 \cdot 2 \cdot 3 \cdot 4 \cdot 5 \cdot 7} \mp \cdots\right)$. **145.** $x = \dfrac{a \varphi^3}{6}\left(1 - \dfrac{\varphi^2}{4 \cdot 5} + \dfrac{\varphi^4}{4 \cdot 5 \cdot 6 \cdot 7} \mp \cdots\right);$ $y = \dfrac{a \varphi^2}{2}\left(1 - \dfrac{\varphi^2}{3 \cdot 4} + \dfrac{\varphi^4}{3 \cdot 4 \cdot 5 \cdot 6} - \dfrac{\varphi^6}{3 \cdot 4 \cdot 5 \cdot 6 \cdot 7 \cdot 8} \pm \cdots\right)$. **146.** $\alpha$ ist im Bogen-

Maß $= \frac{108}{180}\pi = 0{,}6\pi = 1{,}885$; $\mu\alpha = 0{,}337$;
$e^{\mu\alpha} = 1 + 0{,}277 + 0{,}071 + 0{,}009 + 0{,}001$
$= 1{,}358$. **147.** $\mathfrak{Sin}\, x = x + \frac{x^3}{1\cdot 2\cdot 3} +$
$+ \frac{x^5}{1\cdot 2\cdot 3\cdot 4\cdot 5} + \cdots$; $\mathfrak{Cof}\, x = 1 + \frac{x^2}{1\cdot 2} +$
$+ \frac{x^4}{1\cdot 2\cdot 3\cdot 4} + \cdots$. Die Reihen unter-

Fig. 45.

scheiden sich von denen für $\sin x$ und $\cos x$ nur dadurch, daß alle Glieder positiv sind. Dies erklärt die Analogie der früher abgeleiteten Formeln.
**148.** $y = m\mathfrak{Cof}\left(\frac{x}{m}\right) = m + \frac{x^2}{1\cdot 2\cdot m} + \frac{x^4}{1\cdot 2\cdot 3\cdot 4\cdot m^3} + \frac{x^6}{1\cdot 2\cdot 3\cdot 4\cdot 5\cdot 6\cdot m^5} + \cdots$.
**149.** Da $a = e^{\ln a}$ ist (vgl. S. 34 f.), so wird $a^x = (e^{\ln a})^x = e^{x\ln a}$; $a^x = 1 + \frac{x\ln a}{1}$
$+ \frac{(x\ln a)^2}{1\cdot 2} + \frac{(x\ln a)^3}{1\cdot 2\cdot 3} + \cdots$. **150.** Differentiiert man z. B. $\sin x = x - \frac{x^3}{1\cdot 2\cdot 3}$
$+ \frac{x^5}{1\cdot 2\cdot 3\cdot 4\cdot 5} \mp \cdots$, so erhält man $1 - \frac{x^2}{1\cdot 2} + \frac{x^4}{1\cdot 2\cdot 3\cdot 4} \mp \cdots$, also die Reihe für $\cos x$. D'es stimmt genau mit dem auf S. 29 f. erhaltenen Ergebnis überein; ebenso ist es bei allen anderen Funktionen. **151—155.** Man benutzt den binomischen Satz. **156 und 157.** $\sin\alpha \approx \text{tg}\,\alpha \approx \frac{\alpha^0}{57{,}30} = \frac{\alpha'}{3438} = \frac{\alpha''}{206800}$.
**158.** Es ist (nach Beispiel 22) $\sin(a + x) \approx \sin a + x\cos a$; $\cos(a + x) \approx \cos a - x\sin a$; $a = 40^0$, $x = \pm 1^0 = \pm 0{,}01745$. Man kann geometrisch und rechnerisch nachweisen, daß diese Näherungswerte zu groß ausfallen müssen. **159.** Nach Aufgabe 148 ist $y \approx m + \frac{x^2}{2m}$.
Die Kurve wird also angenähert durch eine Parabel ersetzt, deren Scheitel auf der Y-Achse um $m$ verschoben ist. Der Parameter (S. 17) ist hier $2m$, der Krümmungsradius $= m$ (S. 44 f.), was mit der Aufgabe 140 völlig übereinstimmt. **160.** In $n$ Jahren wächst es auf $a\left(1 + \frac{p}{100}\right)^n$ Mark an
(Cranz, Algebra II § 21$_2$); $a\left(1 + \frac{p}{100}\right)^n = 2a$; $n\ln\left(1 + \frac{p}{100}\right) = \ln 2$;
$n = \frac{\ln 2}{\ln\left(1 + \frac{p}{100}\right)} \approx \frac{\ln 2}{\left(\frac{p}{100}\right)}$; $n \approx \frac{69{,}3}{p}$, also bei 3 % in 23 Jahren.
**161.** $n \approx \frac{100\ln k}{p}$.

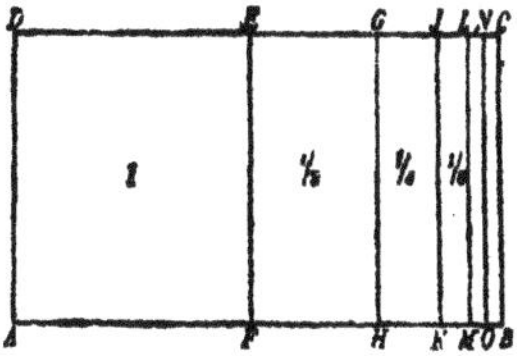

## Anhang.

### Die Reihe für $e$.

Es sei (vgl. S. 35)

$$s = \left(1 + \frac{1}{n}\right)^n = 1 + 1 + \frac{1}{1\cdot 2}\cdot 1\left(1 - \frac{1}{n}\right)$$
$$+ \frac{1}{1\cdot 2\cdot 3}\cdot 1\left(1 - \frac{1}{n}\right)\left(1 - \frac{2}{n}\right) +$$
$$+ \cdots + \frac{1}{1\cdot 2\cdot 3\cdots n}\left(1 - \frac{1}{n}\right)\left(1 - \frac{2}{n}\right)\cdots\left(1 - \frac{n-1}{n}\right).$$

Ist $n = 1$, so erhält man $\left(1 + \frac{1}{n}\right)^n = 2$. Wird $n$ größer (2, 3, 4 $\cdots$), so wächst auch die Summe, da die Faktoren, aus denen die Summanden der Reihe gebildet sind, größer werden. Für jedes endliche ganzzahlige $n$ ist die Summe $s$ sicher wieder kleiner als

$$s_1 = 1 + 1 + \frac{1}{2} + \frac{1}{2\cdot 3} + \frac{1}{2\cdot 3\cdot 4} + \cdots + \frac{1}{2\cdot 3\cdots n},$$

denn hier sind die Faktoren $1 - \frac{1}{n}$, $1 - \frac{2}{n}$ usw. durch den größeren Wert 1 ersetzt. $s_1$ ist wieder kleiner als

$$s_2 = 1 + 1 + \frac{1}{2} + \frac{1}{2\cdot 2} + \frac{1}{2\cdot 2\cdot 2} + \cdots + \frac{1}{2^{n-1}} \text{ und } s_2 \text{ kleiner}$$

als $s_3 = 1 + 1 + \frac{1}{2} + \frac{1}{2^2} + \cdots \frac{1}{2^{n-1}} + \frac{1}{2^n} + \cdots$.

Die hierin auftretende (unendliche geometrische) Reihe hat nach S. 64, Aufg 143 den Wert

$$\frac{1}{1 - \frac{1}{2}} = 2, \text{ also ist } s_3 = 1 + 2 = 3.$$

Für jedes endliche $n$, welches größer als 1 ist, hat $s$ einen Wert, der zwischen 2 und 3 liegt.

Zur engeren Eingrenzung kann man $s = 1 + 1 + R_2$ setzen,

$$R_2 = \frac{1}{1\cdot 2}\left(1 - \frac{1}{n}\right)\left[1 + \frac{1}{3}\left(1 - \frac{2}{n}\right) + \frac{1}{3\cdot 4}\left(1 - \frac{2}{n}\right)\left(1 - \frac{3}{n}\right)\cdot\right.$$
$$+ \cdots \frac{1}{3\cdot 4\cdots n}\left(1 - \frac{2}{n}\right)\left(1 - \frac{3}{n}\right)\cdots\left(1 - \frac{n-1}{n}\right)\bigg].$$

### Konvergenz der Reihe für $e$

$R_2$ ist größer als 0, da jeder Summand positiv ist, und kleiner als

$$\frac{1}{1\cdot 2}\left[1+\frac{1}{3}+\frac{1}{3\cdot 4}+\cdots \frac{1}{3\cdot 4\cdots n}\right]$$

und um so mehr ist

$$R_2 < \frac{1}{1\cdot 2}\left[1+\frac{1}{3}+\frac{1}{3^2}+\cdots\right].$$

Die geometrische Reihe in der Klammer hat die Summe

$$\frac{1}{1-\frac{1}{3}}=\frac{3}{2},$$

daher liegt $R_2$ zwischen 0 und $\frac{3}{4}$, $s$ zwischen 2 und 2,75. Man könnte jetzt entsprechend

$$s=1+1+\frac{1}{1\cdot 2}\left(1-\frac{1}{n}\right)+R_3$$

setzen und $R_3$ in Grenzen einschließen, wir führen aber die betreffende Überlegung gleich allgemein durch, indem wir $s$ nach $p$ Gliedern abbrechen und den Rest $R_p$ nennen.

$$s=1+1+\frac{1}{1\cdot 2}\left(1-\frac{1}{n}\right)$$
$$+\cdots+\frac{1}{1\cdot 2\cdot 3\cdots(p-1)}\left(1-\frac{1}{n}\right)\left(1-\frac{2}{n}\right)\cdots\left(1-\frac{p-2}{n}\right)+R_p.$$
$$R_p=\frac{1}{1\cdot 2\cdot 3\cdots p}\left(1-\frac{1}{n}\right)\left(1-\frac{2}{n}\right)\cdots\left(1-\frac{p-1}{n}\right)$$
$$\left[1+\frac{1}{p+1}\left(1-\frac{p}{n}\right)+\frac{1}{(p+1)(p+2)}\left(1-\frac{p}{n}\right)\left(1-\frac{p+1}{n}\right)+\right.$$
$$\left.+\cdots+\frac{1}{(p+1)(p+2)\cdots n}\left(1-\frac{p}{n}\right)\left(1-\frac{p+1}{n}\right)\cdots\left(1-\frac{n-1}{n}\right)\right].$$

Da nur positive Faktoren und Reihenglieder auftreten, ist $R_p$ größer als 0. Anderseits hat man

$$R_p<\frac{1}{1\cdot 2\cdot 3\cdots p}\left[1+\frac{1}{p+1}+\frac{1}{(p+1)(p+2)}+\cdots\frac{1}{(p+1)(p+2)\cdots n}\right]$$

und um so mehr

$$R_p<\frac{1}{1\cdot 2\cdot 3\cdots p}\left[1+\frac{1}{p+1}+\frac{1}{(p+1)^2}+\frac{1}{(p+1)^3}+\cdots\right].$$

Der Klammerinhalt ist

$$= \frac{1}{1-\frac{1}{p+1}} = \frac{p+1}{p},$$

daher liegt $R_p$ zwischen 0 und

$$\frac{p+1}{1\cdot 2\cdot 3\cdots p\cdot p}.$$

Das Bemerkenswerte dieser oberen Grenze für das Restglied ist, daß sie von $n$ unabhängig ist, also für jede der Zahlen $n = 2, 3, 4\ldots$ gilt, mag sie auch noch so hoch sein, sie ist also auch im Grenzfall ($n = \infty$) richtig. Dann geht

$$s = 1 + 1 + \frac{1}{1\cdot 2}\left(1-\frac{1}{n}\right) + \frac{1}{1\cdot 2\cdot 3}\left(1-\frac{1}{n}\right)\left(1-\frac{2}{n}\right)$$
$$+ \cdots + \frac{1}{1\cdot 2\cdots(p-1)}\left(1-\frac{1}{n}\right)\left(1-\frac{2}{n}\right)\cdots\left(1-\frac{p-2}{n}\right) + R_p$$

über in

$$e = 1 + 1 + \frac{1}{1\cdot 2} + \frac{1}{1\cdot 2\cdot 3} + \cdots + \frac{1}{1\cdot 2\cdot 3\cdots(p-1)} + R_p.$$

Für $p = 4$ liegt z. B. $R_p$ zwischen 0 und $\frac{5}{96}$, $e$ zwischen

$$1 + 1 + \tfrac{1}{2} + \tfrac{1}{6} = 2\tfrac{2}{3}$$

und

$$2\tfrac{2}{3} + \tfrac{5}{96} = 2\tfrac{23}{32},$$

also zwischen 2,666 und 2,719.

Es läßt sich leicht beweisen, daß, je größer $p$ gewählt wird, um so kleiner das Restglied $R_p$ wird, um so enger also die Grenzen sind. in die $e$ eingeschlossen wird.

$$\frac{p+1}{1\cdot 2\cdot 3\cdots p\cdot p} = \frac{1+\frac{1}{p}}{1\cdot 2\cdot 3\cdots p}.$$

Wird $p$ immer größer, so nähert sich der kleiner werdende Zähler immer mehr der Einheit, während der Nenner beliebig groß wird. Der Wert des Bruches wird also mit wachsendem $p$ beliebig klein, um so mehr $R_p$, die Reihe für $e$ nähert sich mit steigender Gliederzahl unbegrenzt dem Werte $e = 2{,}7182818284\ldots$

# Die wichtigsten Differentialquotienten.

1) $y = a$, $y' = 0$
2) $y = ax$, $y' = a$
3) $y = ax^n$, $y' = nax^{n-1}$
4) $y = \dfrac{a}{x^n}$, $y' = -\dfrac{na}{x^{n+1}}$
5) $y = a\sqrt[q]{x^p} = ax^{\frac{p}{q}}$,
   $y' = \dfrac{pa}{q} x^{\frac{p}{q}-1}$
6) $y = \sin x$, $y' = \cos x$
7) $y = \cos x$, $y' = -\sin x$
8) $y = \operatorname{tg} x$, $y' = \dfrac{1}{\cos^2 x}$
9) $y = \operatorname{ctg} x$, $y' = -\dfrac{1}{\sin^2 x}$
10) $y = \arcsin x$, $y' = \dfrac{1}{\sqrt{1-x^2}}$
11) $y = \arccos x$,
    $y' = -\dfrac{1}{\sqrt{1-x^2}}$
12) $y = \operatorname{arc tg} x$, $y' = \dfrac{1}{1+x^2}$
13) $y = \operatorname{arc ctg} x$,
    $y' = -\dfrac{1}{1+x^2}$
14) $y = \ln x$, $y' = \dfrac{1}{x}$
15) $y = e^x$, $y' = e^x$
16) $y = {}^b\lg x$, $y' = \dfrac{1}{x \ln b}$
17) $y = a^x$, $y' = a^x \ln a$
18) $y = \mathfrak{Sin}\, x$, $y' = \mathfrak{Cof}\, x$
19) $y = \mathfrak{Cof}\, x$, $y' = \mathfrak{Sin}\, x$
20) $y = \mathfrak{Tg}\, x$, $y' = \dfrac{1}{\mathfrak{Cof}^2 x}$
21) $y = \mathfrak{Ctg}\, x$, $y' = -\dfrac{1}{\mathfrak{Sin}^2 x}$
22) $y = \mathfrak{ArcSin}\, x$; $y' = \dfrac{1}{\sqrt{x^2+1}}$
23) $y = \mathfrak{ArcCof}\, x$; $y' = \dfrac{1}{\sqrt{x^2-1}}$
24) $y = \mathfrak{ArcTg}\, x$; $y' = \dfrac{1}{1-x^2}$
25) $y = \mathfrak{ArcCtg}\, x$; $y' = \dfrac{1}{1-x^2}$
26) $y = u + v$, $y' = u' + v'$
27) $y = u - v$, $y' = u' - v'$
28) $y = cf(x)$, $y' = cf'(x)$
29) $y = uv$, $y' = u'v + v'u$
30) $y = \dfrac{u}{v}$, $y' = \dfrac{u'v - v'u}{v^2}$
31) $y = f(\varphi(x)) = f(z)$,
    $y' = f'(z)\, \varphi'(x)$
32) Ist $\varphi(x, y) = 0$, so ist
    $y' = -\dfrac{\partial \varphi}{\partial x} : \dfrac{\partial \varphi}{\partial y}$

Von Studienrat Dr. *M. Lindow* erschien ferner:

**Integralrechnung.** Unter Berücksichtigung der prakt. Anwendungen in d. Technik. Mit zahlr. Beispielen u. Aufgaben versehen. 3. Aufl. Mit 43 Fig. im Text u. 200 Aufgaben. [102 S.] 8. 1921. (ANuG 673.) Kart. M. 20.—, geb. M. 24.—

„... Der Verfasser hat es verstanden, in kurz gedrängtem Raume uns ein überaus klares Bild von dem Wesen der Differential- und Integralrechnung zu geben und bringt vor allem auch eine große Menge Beispiele aus den verschiedensten Gebieten der Technik, wodurch das Buch besonders für den Praktiker wertvoll wird." (Techn. Mitteil. u. Nachr.)

**Differentialgleichungen.** Unter Berücksichtigung der praktischen Anwendung in der Technik mit zahlreichen Beispielen und Aufgaben versehen. Mit 38 Fig. im Text und 160 Aufgaben. [106 S.] 9. 1921. (ANuG Bd. 589.) Kart. M. 20.—, geb. M. 24.—

Als Ergänzung zu den beiden bereits in 3. und 4. Auflage erschienenen Bänden Differential- und Integralrechnung des gleichen Verfassers will der vorliegende gleichfalls an der Hand von praktischen Beispielen und Aufgaben in die Rechnungsart einführen, die der mathematischen Untersuchung der Bewegungsvorgänge dient.

**Einführung in die Infinitesimalrechnung.** Von Prof. Dr. *A. Witting*, Oberstudienrat am Gymnas. zum Heil. Kreuz in Dresden. Bd. I: Die Differentialrechnung. 2. Aufl. Mit 1 Porträttaf., vielen Beisp. u. Aufgab. u. 33 Fig. i. T. [IV u. 52 S.] 8. 1920. Bd. II: Die Integralrechnung. 2. Aufl. Mit 1 Porträttaf., 35 Beisp. u. Aufgaben u. mit 9 Fig. im Text. [50 S.] 8. 1921. (Math. Phys. Bibl. 9 u. 41.) Kart. je M. 12.—

„Eine methodisch ganz vorzügliche, ausführliche und klare Einführung, die in ihrer Eigenart den erfahrenen Schulmann verrät." **(Natur und Unterricht.)**

**Differential- und Integralrechnung.** Von Dr. *L. Bieberbach*, Prof. an der Univ. Berlin. I. Differentialrechnung. 2., verm. u. verb. Aufl. Mit 34 Fig. [VI u. 132 S.] 8. Kart. M. 34.— II. Integralrechnung. Mit 25 Fig. [VI u. 142 S.] (Teubners technische Leitfäden, 4 u. 5.) Kart. M. 38.—

Der Gegenstand der einführenden Universitätsvorlesung über Differential- und Integralrechnung wird hier in knapper, aber leichtfaßlicher Form dargestellt. Die geometrischen Anwendungen sind überall in gehöriger Weise berücksichtigt.

**Lehrbuch der Differential- und Integralrechnung und ihrer Anwendungen.** Von Geh. Hofrat Dr. *R. Fricke*, Prof. an der Techn. Hochsch. Braunschweig. gr. 8. I. Bd.: Differentialrechnung. 2. u. 3. Aufl. Mit 129 in d. Text gedr. Fig., 1 Samml. v. 253 Aufg. u. 1 Formeltab. [XII u. 388 S.] 1921. Geh. M. 120.—, geb. M. 144.—. II. Bd.: Integralrechnung. 2. u. 3. Aufl. Mit 100 in d. Text gedr. Fig., 1 Samml. v. 242 Aufg. u. 1 Formeltab. [IV u. 406 S.] 1921. Geh. M. 120.—, geb. M. 144.—

Das Problem des Unterrichts in den Grundlagen der höheren Mathematik an den Technischen Hochschulen ist seit mehr als zwei Jahrzehnten nicht nur wiederholt besprochen und in Monographien behandelt, sondern hat auch die Gestaltung der neueren Lehrbuchliteratur wesentlich beeinflußt. Auch das vorliegende Lehrbuch ist aus dieser Bewegung hervorgewachsen.

**Sammlung von Aufgaben zur Anwendung der Differential- und Integralrechnung.** Von Geh. Hofrat Dr. *F. Dingeldey*, Prof. an der Technischen Hochschule Darmstadt. I. Teil: Aufgaben zur Anwendung der Differentialrechnung. 2. Aufl. Mit 99 Fig. [V u. 202 S.] gr. 8. 1921. Geb. M. 112.— II. Teil: Aufgaben zur Anwendung der Integralrechnung. 2. Aufl. Mit 96 Fig. [IV u. 382 S.] gr. 8. 1920. (TmL 2.) Geh. M. 120.—, geb. M. 144.—

Das Buch berücksichtigt außer Anwendungen in der Geometrie auch solche in der Physik und Technik. Dabei sind zur Lösung der den Zweigen der Technik entnommenen Aufgaben besondere technische Vorkenntnisse entweder nicht erforderlich oder, wo sie wünschenswert erscheinen, sind die nötigen Erläuterungen gegeben.

## Verlag von B. G. Teubner in Leipzig und Berlin

Preisänderung vorbehalten

# Teubners Technische Leitfäden

Die Leitfäden wollen zunächst dem Studierenden, dann aber auch dem Praktiker in knapper, wissenschaftlich einwandfreier und zugleich übersichtlicher Form das Wesentliche des Tatsachenmaterials an die Hand geben, das die Grundlage seiner theoretischen Ausbildung und praktischen Tätigkeit bildet. Sie wollen ihm diese erleichtern und ihm die Anschaffung umfänglicher und kostspieliger Handbücher ersparen. Auf klare Gliederung des Stoffes auch in der äußeren Form der Anordnung wie auf seine Veranschaulichung durch einwandfrei ausgeführte Zeichnungen wird besonderer Wert gelegt. — Die einzelnen Bände, für die vom Verlag die ersten Vertreter der verschiedenen Fachgebiete gewonnen werden konnten, erscheinen in rascher Folge. Bisher sind erschienen bzw. unter der Presse:

**Analytische Geometrie.** Von Geh. Hofrat Dr. R. Fricke, Professor an der Techn. Hochschule zu Braunschw. 2. Aufl. M. 96 Fig. VI u. 125 S. M. 34.—. (Bd. 1.)

**Darstellende Geometrie.** Von Dr. M. Großmann, Prof. an der Eidgen. Techn. Hochschule zu Zürich. Bd. I. Mit 134 Fig. u. 100 Übungsaufgaben. 1922. (Bd. 2.) [Unter der Presse 1922.]

**Darstellende Geometrie.** Von Dr. M. Großmann, Prof. a. d. Eidgen. Techn. Hochsch. z. Zürich. Bd. II. 2., umg. Aufl. Mit 144 Fig. [VI u. 154 S.] 1921. (Bd. 3.) Kart. M. 38.-

**Differential- und Integralrechnung.** Von Dr. L. Bieberbach, Prof. a. d. Universität Berlin. I. Differentialrechnung. 2., vermehrte und verbesserte Auflage. Mit 34 Fig. [VI u. 132 S.] 1922. (Bd. 4.) Kart. M. 34.—. II. Integralrechnung. Mit 25 Fig. [VI u. 142 S.] 1918. (Bd. 5.) Kart. M. 38.—

**Funktionentheorie.** Von Dr. L. Bieberbach, Prof. an der Universität Berlin. Mit 80 Fig. [IV u. 118 S.] 1922. (Bd. 14.) Kart. M. 32.—

**Einführung in die Vektoranalysis.** Mit Anwendungen auf die mathemat. Physik. Von Prof. Dr. R. Gans, Dir. des physikalischen Instituts der Univers. La Plata. 4. Aufl. Mit 39 Fig. [VI u. 118 S.] gr. 8. 1921. Geh. M. 55.—, geb. M. 70.—

**Praktische Astronomie.** Geograph. Orts- u. Zeitbest. Von V. Theimer, Adjunkt a. d. Montan. Hochsch. zu Leoben. Mit 62 Fig. [IV u. 127 S.] 1921. (Bd. 13.) Kart. M. 34.—

**Feldbuch für geodätische Praktika.** Nebst Zusammenstellung d. wichtigsten Meth. u. Regeln sowie ausgef. Musterbeispielen. V. Dr.-Ing O. Israel, Prof. a. d. Techn. Hochsch. in. Dresden. Mit 46 Fig. [IV u. 160 S.] 1920. (Bd. 11.) M. 40.—

**Erdbau, Stollen- und Tunnelbau.** Von Dipl.-Ing. A. Birk, Prof. a. d. Techn. Hochschule zu Prag. Mit 110 Abb. [V u. 117 S.] 1920. (Bd. 7.) Kart. M. 32.—

**Landstraßenbau einschl. Trassieren.** V. Oberbaurat W. Euting, Stuttgart. Mit 54 Abb. i. Text u. a. 2 Taf. [IV u. 100 S.] 1920. (Bd. 9.) Kart. M. 28.—

**Grundriß der Hydraulik.** Von Hofrat Dr. Ph. Forchheimer, Prof. a. d. Techn. Hochschule in Wien. Mit 114 Fig. im Text. [V u. 118 S.] 1920. (Bd. 8.) M. 32.—

**Hochbau in Stein.** Von Geh. Baurat H. Walbe, Prof. a. d. Techn. Hochschule zu Darmstadt. Mit 302 Fig. im Text. [VI u. 110 S.] 1920. (Bd. 10.) Kart. M. 32.—

**Leitfaden der Baustoffkunde.** Von Geheimrat Dr.-Ing. M. Foerster, Prof. an der Techn. Hochschule in Dresden. Mit 57 Abb. i. T. [U. d. Pr. 22.] (Bd. 15.)

**Veranschlagen, Bauleitung, Baupolizei, Heimatschutzgesetze.** Von Stadtbaur. Fr. Schultz, Bielefeld. Mit 3 Taf. [IV u. 150 S.] 1921. (Bd. 12.) Kart. M. 36.—

**Mechanische Technologie.** Von Dr. R. Escher, weil. Professor an der Eidgenössischen Technischen Hochschule zu Zürich. Mit 418 Abb. im Text. 2. Aufl. [VI u. 164 S.] 1921. (Bd. 6.) Kart. M. 42.—

## Maschinenbau.
Von Ingenieur O. Stolzenberg, Direktor der Gewerbeschule u. d. gewerbl. Fach- u. Fortbildungsschulen zu Charlottenburg:
Bd. I: Werkstoffe des Maschinenbaues und ihre Bearbeitung auf warmem Wege. Mit 255 Abbildungen im Text. Geb. M. 56.—
Bd. II: Arbeitsverfahren. Mit 750 Abbildungen im Text. Geb. M. 56.—
Bd. III: Methodik der Fachkunde u. Fachrechnen. M. 30 Abb. i. T. Kart. M.38.-

## Fachkunde für Maschinenbauer und verwandte Berufe.
Von Dir. K. Uhrmann, Gewerbeschulrat der Stadt Köln, Ing. F. Schuth, Gewerbelehrer in Köln und Ing. O. Stolzenberg, Direktor der Gewerbeschule und der gewerblichen Fach- und Fortbildungsschulen zu Charlottenburg. Mit 498 Abbildungen. Geb. M. 40.—

## Verlag von B. G. Teubner in Leipzig und Berlin

Preisänderung vorbehalten

# Mathematisch-Physikalische Bibliothek

Gemeinverständliche Darstellungen aus der Mathematik u. Physik. Unter Mitwirkung von Fachgenossen hrsg. von

**Dr. W. Lietzmann** und **Dr. A. Witting**
Oberstud.-Dir.d.Oberrealschule zu Göttingen   Oberstudienrat, Gymnasialpr.i.Dresden

Fast alle Bändchen enthalten zahlreiche Figuren. kl. 8. Kart. je M. 1.2.—

Die Sammlung, die in einzeln käuflichen Bändchen in zwangloser Folge herausgegeben wird, bezweckt, allen denen, die Interesse an den mathematisch-physikalischen Wissenschaften haben, es in angenehmer Form zu ermöglichen, sich über das gemeinhin in den Schulen Gebotene hinaus zu belehren. Die Bändchen geben also teils eine Vertiefung solcher elementarer Probleme, die allgemeinere kulturelle Bedeutung oder besonderes wissenschaftliches Gewicht haben, teils sollen sie Dinge behandeln, die den Leser, ohne zu große Anforderungen an seine Kenntnisse zu stellen, in neue Gebiete der Mathematik und Physik einführen.

### Bisher sind erschienen (1912/22):

Der Begriff der Zahl in seiner logischen und historischen Entwicklung. Von H. Wieleitner. 2., durchgeseh. Aufl. (Bd. 2.)

Ziffern und Ziffernsysteme. Von E. Löffler. 2., neubearb. Aufl. I: Die Zahlzeichen der alten Kulturvölker. (Bd. 1.) II: Die Z. im Mittelalter und in der Neuzeit. (Bd. 34.)

Die 7 Rechnungsarten mit allgemeinen Zahlen. Von H. Wieleitner. 2. Aufl. (Bd. 7.)

Einführung in die Infinitesimalrechnung. Von A. Witting. 2. Aufl. I: Die Differential-, II: Die Integralrechnung. (Bd. 9 u. 41.)

Wahrscheinlichkeitsrechnung. V. O. Meißner. 2. Auflage. I: Grundlehren. (Bd. 4.) II: Anwendungen. (Bd. 33.)

Vom periodischen Dezimalbruch zur Zahlentheorie. Von A. Leman. (Bd. 19.)

Der pythagoreische Lehrsatz mit einem Ausblick auf das Fermatsche Problem. Von W. Lietzmann. 2. Aufl. (Bd. 3.)

Darstellende Geometrie d. Geländes u. verw. Anwend. d. Methode d. kotiert. Projektionen. Von R. Rothe. 2., verb. Aufl. (Bd. 35/36.)

Methoden zur Lösung geometrischer Aufgaben. Von B. Kerst. (Bd. 26.)

Einführung in die projektive Geometrie. Von M. Zacharias. 2. Aufl. (Bd. 6.)

Konstruktionen in begrenzter Ebene. Von P. Zühlke. (Bd. 11.)

Nichteuklidische Geometrie in der Kugelebene. Von W. Dieck. (Bd. 31.)

Einführung in die Trigonometrie. Von A. Witting (Bd. 43.)

Einführung i. d. Nomographie. V. P. Luckey. I. Die Funktionsleiter (28.) II. Die Zeichnung als Rechenmaschine. (37.)

Theorie und Praxis des logarithm. Rechenschiebers. V. A. Rohrberg. 2. Aufl. (Bd. 23.)

Die Anfertigung mathemat. Modelle. (Für Schüler mittl. Kl.) Von K. Giebel. (Bd. 16.)

Karte und Kroki. Von H. Wolff. (Bd. 27.)

Die Grundlagen unserer Zeitrechnung. Von A. Baruch. (Bd. 29.)

Die mathemat. Grundlagen d. Variations- u. Vererbungslehre. Von P. Riebesell. (24.)

Mathematik und Biologie. Von M. Schips. (Bd. 42.)

Mathematik und Malerei. 2 Teile in 1 Bande. Von O. Wolff. (Bd. 20/21.)

Der Goldene Schnitt. Von H. E. Timerding. (Bd. 32.)

Beispiele zur Geschichte der Mathematik. Von A. Witting und M. Gebhardt. (Bd. 15.)

Mathematiker-Anekdoten. Von W. Ahrens. 2. Aufl. (Bd. 18.)

Die Quadratur d. Kreises. Von E. Beutel. 2. Aufl. (Bd. 12.)

Wo steckt der Fehler? Von W. Lietzmann und V. Trier. 2. Aufl. (Bd. 10.)

Geheimnisse der Rechenkünstler. Von Ph. Maennchen. 2. Aufl. (Bd. 13.)

Abgekürzte Rechnung. Von A. Witting. (Bd. 47.)

Riesen und Zwerge im Zahlenreiche. Von W. Lietzmann. 2. Aufl. (Bd. 25.)

Die mathematischen Grundlagen der Lebensversicherung. Von H. Schütze. (Bd. 46.)

Die Fallgesetze. Von H. E. Timerding. 2. Aufl. (Bd. 5.)

Atom- und Quantentheorie. Von P. Kirchberger. (Bd. 44/45.)

Ionentheorie. Von P. Bräuer. (Bd. 38.)

Das Relativitätsprinzip. Leichtfaßlich entwickelt von A. Angersbach. (Bd. 39.)

Dreht sich die Erde? Von W. Brunner. (17.)

Theorie der Planetenbewegung. Von P. Meth. 2., umg. Aufl. (Bd. 8.)

Beobachtung d. Himmels mit einfach. Instrumenten. Von Fr. Rusch. 2. Aufl. (Bd. 14.)

Mathem. Streifzüge durch die Geschichte der Astronomie. Von P. Kirchberger. (Bd. 40.)

In Vorbereitung bzw. unter der Presse*: Doehlemann, Mathematik und Architektur. *Kerst, Einführung in die Planimetrie. Winkelmann, Der Kreisel. Wolff, Feldmessen und Höhenmessen. Witting, Graphische Darstellung.

## Verlag von B. G. Teubner in Leipzig und Berlin

Preisänderung vorbehalten

# Teubners kleine Fachwörterbücher

geben rasch und zuverlässig Auskunft auf jedem Spezialgebiete und lassen sich je nach den Interessen und den Mitteln des einzelnen nach und nach zu einer Enzyklopädie aller Wissenszweige erweitern.

„Mit diesen kleinen Fachwörterbüchern hat der Verlag Teubner wieder einen sehr glücklichen Griff getan. Sie ersehen tatsächlich für ihre Sondergebiete ein Konversationslexikon und werden gewiß großen Anklang finden." (Die Warte.)

„Wer ist jetzt in der Lage, teuere Nachschlagebücher zu kaufen? Wie viele aus den Reihen der Volkshochschulbesucher verlangen nach Handreichungen, die das Studium der Natur- und Geisteswissenschaften ermöglichen. Die Erklärungen sind sachlich zutreffend und so kurz als möglich gegeben, das Sprachliche ist gründlich erfaßt, das Wesentliche berücksichtigt. Die Bücher sind eine glückliche Ergänzung der Bändchen „Aus Natur und Geisteswelt" des gleichen Verlags. Selbstverständlich ist dem neuesten Stande der Wissenschaft Rechnung getragen." (Pädagog. Arbeitsgemeinschaft.)

„Diese handlichen Nachschlagebücher bieten nach Form und Inhalt Vorzügliches und werden sich, wie zu erwarten steht, in unseren Volksbüchereien schnell einbürgern." (Blätter für Volksbibliotheken.)

Bisher erschienen:

**Philosophisches Wörterbuch.** 2. Aufl. v. Studienrat Dr. P. Thormeyer. (Bd. 4.) geb. M. 96.—

**Psychologisches Wörterbuch** von Privatdozent Dr. Fritz Giese. (Bd. 7.) geb. M. 92.—

**Wörterbuch zur deutschen Literatur** von Studienrat Dr. H. Röhl. (Bd. 14.) geb. M. 96.—

*__Musikalisches Wörterbuch__ von Privatdoz. Dr. J. H. Moser. (Bd. 12.)

*__Wörterbuch zur Kunstgeschichte__ von Dr. H. Vollmer.

**Physikalisches Wörterbuch** v. Prof. Dr. G. Berndt. (Bd. 5.) geb. M. 96.—

*__Chemisches Wörterbuch__ von Privatdozent Dr. H. Remy. (Bd. 10.)

*__Astronomisches Wörterbuch__ v. Observator Dr. H. Naumann. (Bd. 11.)

**Geologisch-mineralogisches Wörterbuch** von Dr. C. W. Schmidt. (Bd. 6.) geb. M. 96.—

**Geographisches Wörterbuch** v. Prof. Dr. O. Kende. I. Allgem. Erdkunde. (Bd. 8.) geb. M. 96.—. *II. Wörterbuch d. Länder- u. Wirtschaftskunde. (13.)

**Zoologisches Wörterbuch** von Dir. Dr. Th. Knottnerus-Meyer. (2.) geb. M. 92.—

**Botanisches Wörterbuch** von Dr. O. Gerke. (Bd. 1.) geb. M. 92.—

**Wörterbuch der Warenkunde** von Prof. Dr. M. Pietsch. (Bd. 3.) geb. M. 96.—

**Handelswörterbuch** von Handelsschuldir. Dr. V. Sittel u. Justizrat Dr. M. Strauß. Zugleich fünfsprachiges Wörterbuch, zusammengestellt von V. Armhaus, verpfl. Dolmetscher. (Bd. 9.) geb. M. 96.—

\* in Vorbereitung bzw. unter der Presse (1922)

---

**Verlag von B. G. Teubner in Leipzig und Berlin**

G III. 22     Preisänderung vorbehalten

## Das dichterische Kunstwerk
### Grundbegriffe der Urteilsbildung in der Literaturgeschichte.
V. Prof. Dr. E. Ermatinger. Geh. M. 56.—, geb. M. 72.—, in Halbfr. M. 90.—

Das vorliegende Buch will die Grundbegriffe literaturgeschichtlicher Urteilsbildung bestimmen, es sucht den Begriff des Erlebnisses aufzuhellen, so eine Bestimmung des lyrischen, epischen, dramatischen Stiles zu geben und enthält eine Fülle neuer Einsichten über den künstlerischen Prozeß und das Dichtwerk.

## Von deutscher Art und Kunst
### Eine Deutschkunde. Herausgegeben von Studienrat Dr. W. Hofstaetter.
3., verb. Aufl. Mit 42 Tafeln und 2 Karten. Geb. M. 52.50

Das Geheimnis dieses Buches liegt darin, daß es uns die Kraft und Weisheit im Allernächsten sehen lehrt. Es zeigt uns den Weg in unser eigenes Reich und Leben, in Land und Dorf und Haus der Deutschen." (Historische Zeitschrift.)

## Volk und Vaterland
### Schaffen und Schauen. Bd. 1. 4. Aufl. Geb. M. 60.—
Auch in 2 Teilbänden erhältlich. I. M. 28.—, II. M. 35.—

„Diese Art staatsbürgerlicher Bildung erscheint als der wirkungsvollste Weg zur Erziehung vom bloßen Nationalgefühl zum Nationalbewußtsein." (Tägliche Rundschau.)

## Des Menschen Sein und Werden
### Schaffen und Schauen. Bd. 2. 3. Aufl. Geb. M. 50.—
Auch in 2 Teilbänden erhältlich. I. M. 24.—, II. M. 28.—

Führt in die tieferen Zusammenhänge der deutschen geistigen Welt der Gegenwart ein, — Werden, Wesen und Aufgaben unserer Kultur, wie ihre Voraussetzungen im leiblichen und geistigen Dasein des Menschen aufzeigend und zur vertiefteren Lebensführung anleitend.

## Die Großmächte und die Weltkrise
Von Prof. Dr. R. Kjellén. 2. Aufl. Kart. M. 24.—, geb. M. 30.—

„Kjelléns Meisterschaft in der knappen Charakteristik ist bekannt und sein unbeugsames Eintreten für das Recht ebenso. So wird das neue Buch eine Schule der Selbsterkenntnis, aber auch des völkischen Willens." (Zeitschrift für Deutschkunde.)

## Die deutsche Lyrik in ihrer geschichtl. Entwicklung
von Herder bis zur Gegenwart. Von Prof. Dr. E. Ermatinger. I. Bd. Von Herder bis zum Ausgang der Romantik. Geh. M. 63.—, geb. M. 81.—. II. Bd. Vom Ausgang der Romantik bis zur Gegenwart. Geh. M. 48.—, geb. M. 67.50

„Der Reichtum an Gemütswerten deutscher u. schweizerischer Dichtung ist das herrliche Erlebnis, das der Leser aus diesem nie ermüdenden, immer anregenden Werke entnimmt." (Neue Zür. Ztg.)

## Aus Weimars Vermächtnis
Schiller, Goethe u. das deutsche Menschheitsideal. Von Prof. D. K. Bornhausen. (Bd. 1.) Kart. M. 25.—

Lebensfragen in unserer klassischen Dichtung. Von Gymnasialdirektor Prof. H. Schurig. (Bd. 2.) Kart. M. 37.50

## Die Antike Kultur
in ihren Hauptzügen dargestellt von Oberstudiendir. Prof. Dr. F. Poland, Dir. Prof. Dr. E. Reisinger und Oberstudiendir. Prof. Dr. R. Wagner. Mit 118 Abb. im Text, 6 ein- u. mehrf. Taf. u. 2 Plänen. Geb. ca. M. 60.—

Bietet ein Gesamtbild der Antike als der sich in überreicher Entfaltung ausbreitenden Lebensgestaltung griechisch-römischen Geistes in Staat und Wirtschaft, in Wissenschaft und Kunst, Philosophie und Religion, Leben und Treiben.

## Verlag von B. G. Teubner in Leipzig und Berlin

Preisänderung vorbehalten

## Teubners Künstlersteinzeichnungen

Wohlfeile farbige Originalwerke erster deutscher Künstler fürs deutsche Haus
Die Sammlung enthält jetzt über 200 Bilder in den Größen 100×70 cm (M. 60.-), 75×55 cm (M. 50.-), 100×40 cm (M. 30.-), 60×50 cm (M. 40.-), 55×42 cm (M. 25.-), 41×30 cm (M. 25.-). Geschmackvolle Rahmung aus eigener Werkstätte.

### Neu: Kleine Kunstblätter

16×24 cm je M. 8.-, Liebermann, Im Park. Ptenzel, Am Wehr. Hecker, Unter der alten Kastanie und Weihnachtsabend. Leuter, Bei Mondenschein. Weber, Apfelblüte.

### Schattenbilder

K. W. Diefenbach "Per aspera ad astra". Album, die 34 Teilb. des vollst. Wandfrieses fortlaufend wiederg. (20½×823 cm) M. 60.-, Teilbilder als Wandfriese (42×60 cm) je M. 90.-, (35×43 cm) je M. 70.-, auch gerahmt in versch. Ausführ. erhältlich "Göttliche Jugend". 2 Mappen, mit je 20 Blatt (25½×34 cm) je M. 60.-, Einzelbilder je M. 5.-, auch gerahmt in versch. Ausführ. erhältlich.
Kindermusik. 12 Blätter (25½×34 cm) in Mappe M. 50.-, Einzelblatt M. 5.-, Gerda Luise Schmidt (20×15 cm) je M. 4.50. Auch gerahmt in verschiedener Ausführung erhältlich. Blumenorakel. Reisenspiel. Der Besuch. Der Liebesbrief. Ein Frühlingsstrauß. Die Freunde. Der Brief an "Ihn". Annäherungsversuch. Am Spinett. Beim Wein. Ein Märchen. Der Geburtstag.

### Teubners Künstlerpostkarten.

(Ausf. Verzeichnis v. Verlag in Leipzig.) Jede Karte 60 Pf. Reihe von 12 Karten im Umschlag M. 6.-, jede Karte unter Glas mit schwarzer Einfassung und Schnur eckig oder oval M. 3.80. Die mit * bezeichneten Reihen auch in seinen Holzrähmchen (M. 9.- bzw. M. 10.50, eckig M. 8.30), oder in Kettenrahmen eckig oder oval (M. 7.30). Teubners Künstlersteinzeichnungen in 12 Reihen. Teubners Künstlerpostkarten nach Gemälden neuerer Meister. 1. Macca, Maienzeit. 2. Köselitz, Sonnenbild. 3. Buttersack, Sommer im Moor. 4. Hartmann, Sommerweide. 5. Kühn jr., Im weißen Zimmer. Im Umschlag M. 3.-, *Diefenbachs Schattenbilder in 7 Reihen. (Kindermusik, je M. -.60, Reihe M. 6.-) Aus dem Kinderleben, 6 Karten nach Bleistiftzeichn. von Bela Peters. 1. Der gute Bruder. 2. Der böse Bruder. 3. Wo drückt der Schuh? 4. Schmeichelkätzchen. 5. Püppchen, aufgepasst! 6. Große Wäsche. Im Umschlag M. 4.50. *Schattenriß karten von Gerda Luise Schmidt: 1. Reihe: Spiel und Tanz, Fest im Garten, Blumenorakel, Die kleine Schäferin, Belauschter Dichter, Rattenfänger von Hameln. 2. Reihe: Die Freunde, Der Besuch, Im Grünen, Reisenspiel, Ein Frühlingsstrauß, Der Liebesbrief. 3. Reihe: Der Brief an "Ihn", Annäherungsversuch, Am Spinett, Beim Wein, Ein Märchen, Der Geburtstag. Jede Reihe im Umschlag M. 3.-.

### Rudolf Schäfers Bilder nach der Heiligen Schrift

Der barmherzige Samariter (M. 50.-), Jesus der Kinderfreund (M. 40.-), Das Abendmahl (M. 50.-), Hochzeit zu Kana (M. 40.-), Weihnachten (M. 50.-), Die Bergpredigt (M. 40.-) (75×55 bzw. 60×50 cm).

Diese 6 Blätter in Format **Biblische Bilder** in Mappe M. 50.-, als 23×30 unter dem Titel Einzelblatt M. 10.- (Auch als "Kirchliche Gedenkblätter" und als "Glückwunsch- u. Einladungskarten" erhältlich).

### Karl Bauers Federzeichnungen

Führer und Helden im Weltkrieg. Einzelne Blätter (26×36 cm) M. 3.-, 2 Mappen, enthaltend je 12 Blätter, je . . . . . . . . . . . M. 12.-, Charakterköpfe zur deutschen Geschichte. Mappe, 32 Bl. (26×36 cm) M. 45.-, 12 Bl. M. 16.-, Einzelblätter . . . . . . . . . . . . . . . . M. 2.-, Aus Deutschlands großer Zeit 1813. In Mappe, 16 Bl. (26×36 cm) M. 10.-, Einzelblatt . . . . . . . . . . . . . . . . . . . . . M. 3.-

Vollständiger Katalog üb. künstl. Wandschmuck mit nach. Wiedergabe von über 200 Blättern gegen Einsend. von M. 2.50 oder gegen Nachn. (M. 10.-) v. Verlag in Leipzig, Postr. 9, erhältlich

### Verlag von B. G. Teubner in Leipzig und Berlin

Preisänderung vorbehalten

MIX
Papier aus verantwortungsvollen Quellen
Paper from responsible sources
FSC® C105338

If you have any concerns about our products,
you can contact us on
**ProductSafety@springernature.com**

In case Publisher is established outside the EU,
the EU authorized representative is:
**Springer Nature Customer Service Center GmbH**
**Europaplatz 3, 69115 Heidelberg, Germany**

Printed by Libri Plureos GmbH
in Hamburg, Germany